国家重点环境保护
实用技术及示范工程汇编
（2011）

中国环境保护产业协会　编

中国环境科学出版社·北京

图书在版编目（CIP）数据

国家重点环境保护实用技术及示范工程汇编. 2011/中国环境保护产业协会编. —北京：中国环境科学出版社，2012.11

ISBN 978-7-5111-1180-7

Ⅰ．①国…　Ⅱ．①中…　Ⅲ．①环境保护—技术—汇编—中国—2011　Ⅳ．①X505

中国版本图书馆 CIP 数据核字（2012）第 252455 号

责任编辑	张维平	

出版发行	中国环境科学出版社
	（100062　北京市东城区广渠门内大街 16 号）
	网　　　址：http://www.cesp.com.cn
	电子邮箱：bjgl@cesp.com.cn
	联系电话：010-67112765（编辑管理部）
	发行热线：010-67125803，010-67113405（传真）
	印装质量热线：010-67113404
印　　刷	北京中科印刷有限公司
经　　销	各地新华书店
版　　次	2012 年 12 月第 1 版
印　　次	2012 年 12 月第 1 次印刷
开　　本	787×1092　1/16
印　　张	17
字　　数	380 千字
定　　价	52.00 元

前　言

为了促进科技成果推广应用，把环境科技成果迅速转化为污染防治的现实能力，提高环保投资效益，促进环境和经济协调发展，从 1991 年开始，当时的国家环境保护局在全国范围内开展了国家环境保护最佳实用技术的筛选、评价和推广工作。1999 年，国家环境保护最佳实用技术更名为国家重点环境保护实用技术。国家重点环境保护实用技术是指在一定时期内，同国家经济发展水平相适应的、先进实用的污染防治技术、资源综合利用技术、生态保护技术和清洁生产技术。

根据国家环境保护总局《关于改变国家重点环境保护实用技术和示范工程管理办法的函》（环办函[2003]510 号）的精神，中国环境保护产业协会负责国家重点环境保护实用技术与示范工程的评审、推广工作。

1992—2011 年，全国各地各部门共推荐 3 316 项环境保护实用技术，通过评审共筛选出 1 696 项国家重点环境保护实用技术。这些技术为我国改善环境质量、促进经济持续健康发展提供了有力支持，取得了良好的环境效益、经济效益和社会效益。

国家重点环境保护实用技术推广计划是一项滚动计划，2011 年通过推荐、初审、专家评审、现场考察，共有 102 项技术，经中国环境保护产业协会批准公布，列为 2011 年国家重点环境保护实用技术。2010 年共有 59 项工程经评审、现场验收，列为 2010 年国家重点环境保护实用技术示范工程。这些项目技术先进、工艺成熟、运行可靠、经济合理。这些技术的广泛推广应用，将有利于促进我国环境保护产业的发展和环境质量的改善。

为了使国家重点环境保护实用技术直接与用户见面，同时为各级环境保护行政主管部门及用户单位的污染减排工作提供技术支持，我们编辑出版了《2011 年国家重点环境保护实用技术及示范工程汇编》。《汇编》收入了 2011 年国家重点环境保护实用技术 102 项，2010 年国家重点环境保护实用技术示范工程 58 项。简单明了地介绍了各项技术及示范工程的适用范围、基本原理、工艺流程、技术指标、效益分析及技术服务等。《汇编》是在各技术依托单位报送的技术文件的基础上，经必要的审核、编撰完成的。

由于编者业务水平有限，书中难免有谬误之处，请读者及时指正，以便改进我们的工作。

编　者
2012 年 5 月

目　录

2011 年国家重点环境保护实用技术

2010 年国家重点环境保护实用技术示范工程

2011-001
项目名称

污水资源化膜生物反应器技术

技术依托单位

北京碧水源科技股份有限公司

推荐部门

北京市环境保护产业协会

适用范围

工业废水、市政生活污水、城市河道（景观水）水治理。

主要技术内容

一、基本原理

膜生物反应器（Membrane Bio-Reactor）是膜分离技术和生物技术的有机结合。以膜过滤技术取代传统活性污泥法的二沉池和常规过滤单元，使水力停留时间（HRT）和泥龄（STR）完全分离。高效的超高浓度微生物分解和固液分离能力使出水水质良好，悬浮物和浊度接近于零，并可截留大肠杆菌等生物性污染物，处理后出水可直接回用。

二、技术关键

1．PVDF 中空纤维膜制造技术，其关键技术包括：

（1）新型高强度、高通量 PVDF 中空纤维膜配方技术；

（2）溶剂法成孔技术；

（3）膜永久亲水化技术；

（4）膜丝强度增强制造技术。

2．膜生物反应器组器制造技术，其关键技术包括：

（1）脉冲环形曝气系统技术：采用脉冲曝气，并保证最佳的膜表面气水冲刷强度、长期维持膜过滤过程的稳定；

（2）膜表面水力循环清洁技术：膜组器结构采用侧流和顶流合理配合，充分强化水力学循环，提高水力对膜表面的清洁效率，减少能耗；

（3）三位集水技术：保障膜片均匀出水，保证膜不受污染；

（4）自动在线化学清洗技术：碧水源膜组器产品独有的功能，无须清水反冲洗，保证膜运行的稳定性；

（5）膜组器结构优化：通过优化组器结构，包括优化设置导流挡板设计优化、曝气高度优化，形成良好的膜池水力循环条件，降低曝气强度，进一步降低能耗。

典型规模

平谷洳河污水处理厂再生水一期工程，处理规模：40 000 t/d。

主要技术指标及条件

1. 系统吨水能耗指标小于 0.5 kWh/t；节能 20%以上；

2. 膜运行寿命时间 5 年以上，可以高达 8 年；

3. 单个模块设备处理水量 2～1 000 m³/d，适用于不同规模的污水资源化工程；

4. 化学清洗药剂费小于 0.02 元/t；

5. 处理出水水质优于《城镇污水处理厂污染物排放标准》一级 A 类限值，主要指标达到地表水Ⅲ类水标准。

投资效益分析（平谷洳河污水处理厂再生水回用工程）

1. 项目简介

平谷洳河污水处理厂再生水回用工程是平谷区建设的第一座城市再生水处理厂，采用目前世界上先进的 $A^2/O+MBR$ 工艺，一步到位地将城市综合污水处理到高品质再生水标准。再生水回用工程处理规模为 4 万 m³/d。

2. 投资情况

项目总投资 9 890.81 万元，其中，设备投资 7 142.67 万元，主体设备寿命 5～8 年，运行费用 908.64 万元（含电费及药剂费）。

3. 经济效益分析

项目作为政府投资的城市基础设施，主要收入为排污费及再生水收费。按照国家发改委规定，污水收费为 0.90 元/m³，再生水收费为 1.0 元/m³。

成本主要为投产年年处理总成本 1 403.14 万元，单方水处理成本 0.97 元/m³，年经营成本 908.64 万元，单方水处理经营成本 0.63 元/m³。

经济效益如下：收入：2 736 万元；净利润：792.19 万元；税收：150.48 万元；投资回收期：8.32 年。

4. 环境效益分析

项目再生水回用工程建成后，与平谷洳河污水处理厂原污水处理规模 4 万 m³/d，形成污水总处理规模 8 万 m³/d，服务区域范围达 29 km²，可满足 2010 年前后由于平谷区人口增长、经济发展、工业发展而增加的污水量处理要求。同时可以形成 4 万 m³/d 再生水处理规模，再生水回用于绿化、农田灌溉、景观水、市政、小区冲厕等用水，具有很好的环境效益。

推广情况

项目产品已经在超千项污水资源化工程、百余项安全饮水和湿地工程中得到应用推广，应用遍布全国。

获奖情况

该项目技术获国家科技进步二等奖、教育部科技进步一等奖，并获得首批国家自主创新产品证书、国家重点新产品证书、北京市自主创新产品证书、国家火炬计划项目证书、北京市火炬计划项目证书等多项荣誉。

技术服务

从设计、施工、运行调试到后期试运行的整个工程建设过程，为客户提供以 MBR 技术为核心的污水处理与资源化整体技术解决方案。

联系方式

联系单位：北京碧水源科技股份有限公司

联 系 人：梁铁红

地　　　址：北京市海淀区生命园路 23-2 号

邮政编码：102206

电　　　话：010-80768672

传　　　真：010-88434847

E-mail：bsy_liangtiehong@126.com

主要用户名录

北京丰台河西再生水厂工程、北京市房山区城关再生水厂及回用管网工程、北京温榆河资源化工程二期、昆明市第四污水处理厂改造工程、无锡市胡埭污水处理厂、北京清河再生水厂二期、北京北小河再生水厂二期。

2011-002

项目名称

重金属废水电化学深度处理技术与成套设备

技术依托单位

长沙华时捷环保科技发展有限公司

推荐部门

湖南省环境保护产业协会

适用范围

HSJ-EC 电化学处理重金属废水成套技术与设备可广泛应用于有色冶炼、采选矿、黄金冶炼、电镀、化工、制革等多个排放重金属废水的行业。

主要技术内容

一、基本原理

电化学技术的基本原理是以铜、铁等金属为阳极，在直流电的作用下，阳极被熔蚀并产生金属阳离子，经一系列水解、聚合及氧化过程，生成各种羟基络合物、多核羟基络合物和氢氧化物等具有极强吸附能力的微絮凝剂，与废水中的重金属及其他污染物质凝聚沉淀而分离。同时，带电的污染物颗粒在电场中泳动，其部分电荷被电极中和而促使其脱稳聚沉。废水进行电解絮凝处理时，不仅对胶态杂质及悬浮杂质有凝聚沉淀作用，而且由于阳极的氧化作用和阴极的还原作用，能去除水中多种污染物。

二、技术关键

1. 独特的立式电化学反应器、高电流低电压的脉冲电源，突破以往电化学技术在处理规模的局限性。

2. 反冲洗系统的配置一方面可在设备运行时通入高压水增加进水的搅拌，使其充分反应，提高处理效果；另一方面在设备停机时通入高压水进行反冲洗，以减少和避免极板结垢，有效延长极板寿命。

3. 自动控制系统可实现对水处理全过程的全自动控制，消除了采用人工操作带来的各种隐患和滞后，最大限度地保证了废水处理稳定达标。

典型规模

日处理规模可根据实际情况在 100～8 000 m³ 之间进行调整。

主要技术指标

电源：380V±10%、50Hz±1Hz；

电耗：1.5～3 kWh/m³；

极板消耗：0.2～0.4 kg/m³；

极板更换周期：3 个月。

主要设备及运行管理

一、主要设备

电化学反应系统、自动控制系统。

二、运行管理

HSJ-EC 电化学处理重金属废水成套技术与设备运行管理简单，仅有电源开关操作和日常巡视，配套的自动控制系统能够实现全自动控制运行，自动化程度高，无须任何复杂操作。

投资效益分析

一、投资情况

1. 总投资

投资成本需根据处理规模和进水浓度确定，设备投资约占总投资的 50%～70%，主体设备寿命 15 年以上。

2. 运行费用

单位废水处理成本：2.26～3.06 元/m³（与进水浓度相关）。

二、经济效益分析

应用该技术和设备的工程项目占地面积小，且设备费用远远低于采用国外同类设备。

三、环境效益分析

运用该技术与设备处理的重金属废水，水质稳定优于国家排放标准，可极大地削减重金属污染物的排放，有效改善生态环境。

推广情况及用户意见

一、推广情况

目前，HSJ-EC 电化学处理重金属废水成套技术与设备已广泛应用于有色冶金、采矿、黄金冶炼、电镀、化工等行业，竣工投入运行和正在设计承建的工程共计 20 多项，遍及全国 10 多个省区，各项工程运行稳定。

二、用户意见

设备运行稳定，废水处理效果良好，为削减锑、砷等重金属污染物的排放发挥了重要作用。

获奖情况

国家重点新产品（A 类）。

技术服务与联系方式

一、技术服务方式

技术依托单位重金属废水治理技术领先、工程经验丰富，能为客户提供技术改造升级、工程设计、工程承建、运营服务等的全套解决方案和服务。

二、联系方式

联系单位：长沙华时捷环保科技发展有限公司

联 系 人：李卓军

地　　址：湖南省长沙市高新技术产业开发区留学生博士创业园

邮政编码：410013

电　　话：0731-88807789

传　　真：0731-84140180

E-mail：cshsj@263.net

主要用户名录

湖南水口山有色金属集团、湖南辰州矿业股份有限公司、湖南胜溪锰业有限责任公司、山东莱州方泰金业化工有限公司、湖南中南黄金冶炼有限公司、白银有色集团、山东恒邦冶炼股份有限公司。

2011-003

项目名称

水处理用浸没式平片膜元件

技术依托单位

江苏蓝天沛尔膜业有限公司

推荐部门

中国环保产业协会水污染治理委员会

适用范围

市政、医院、化工、烟草、新农村、风景区、垃圾渗滤液等方面的污水处理。

主要技术内容

一、基本原理

项目产品采取聚偏乙烯（PVDF）为膜材料，甲基吡咯烷酮（NMP）为溶剂，聚烯吡咯烷酮（PVP）为添加剂，加入亲水性有机溶分子材料 SPS，经搅拌配制成完全透明的均质溶液，静置脱泡制成铸膜液，使用刮膜机，将膜液均匀覆盖在增强纤维（PET）上，脱水、复卷制成一定厚度膜片，采用超声波焊接，将膜片、导流板、框架组装成膜元件。由于膜片是以增强纤维（PET）为支撑物，PVDF 膜材料渗透在非网状纤维织物中，增加了过滤层和支撑层之间的结合强度，保证了过滤精度，提高了膜的抗冲击能力，在常压及室温下，对 0.05% 分子量为 68 000 的牛血清白蛋白溶液的截留为 10%～15%，用牛血清白蛋白测定截留率后，在相同压力下，再测定纯水通量，其衰减百分比仅为 1.2%，说明膜具有较强的抗污染能力。

二、技术关键

1．膜亲水性和膜结构可调控制备技术。

2．移植超声波焊接技术，用以实现膜元件无黏合剂密封。

典型规模

100 t/d。

主要技术指标及条件

出水可达到《城市污水再生利用 城市杂用水水质》标准（GB 18920—2002）。

主要设备及运行管理

一、主要设备

水处理用浸没式平板膜元件。

二、运行管理

自动化控制，操作简便，可以实现远程监控。

投资效益分析（使用者）

一、投资情况

总投资 65 万元；其中，设备投资 56 万元。

运行费用 5 万元/年。

二、经济效益分析

国内使用的膜很大部分依赖进口，进口膜价格昂贵，该项研究成果将为我国中水回用、节约水资源提供强有力的技术支撑。

三、环境效益分析

项目研究用于对市政、医院、化工、烟草、新农村、风景区、垃圾渗滤液等方面的污水进行处理的浸没式 MBR 平片膜元件及组件。

技术成果鉴定与鉴定意见

一、组织鉴定单位

住房和城乡建设部科技发展促进中心。

二、鉴定时间

2008 年 10 月 10 日。

三、鉴定意见

该水处理用元件用 PVDF 作为膜材料，添加 SPS 对膜表面进行亲水改性，具有抗污染能力强，通量较大的特点，其技术指标符合《聚偏氟乙烯微孔滤膜》（HY/T 065—2002）行业标准要求和产品认定技术条件。

获奖情况

2010 年 3 月获宜兴市科学技术进步奖。

联系方式

联系单位：江苏蓝天沛尔膜业有限公司

联 系 人：张新勇

地　　址：江苏省宜兴市高塍镇东工业区

邮政编码：214214

电　　话：13961574111

传　　真：0510-87838773

E-mail & URL：peier@chinapeier.com

主要用户名录

浙江永康新农村工程、天津皇冠国际酒店、宜兴市新琦环保有限公司、昆明海光科技有限公司、成都加吉尔环保有限公司、西安融侨房地产开发有限公司、浙江甬台高速公路有限公司。

2011-004

项目名称

微蚀液循环再生系统

技术依托单位

深圳市洁驰科技有限公司

推荐部门

中国环境保护产业协会水污染治理委员会

适用范围

PCB 厂蚀刻工序的清洁生产。

主要技术内容

一、基本原理

微蚀刻废液含有大量的铜离子、硫酸根离子和少量双氧水，该系统通过调整槽，利用电解原理首先把废液中的双氧水破除掉，以免废液中的双氧水在铜离子的电积过程中攻击阳极板。破除双氧水后的废液送入电解槽中，通过电积把废液中的铜离子降到 6 g/L 以下。降低铜离子后的废液成为再生液，按比例加入双氧水即可从新投入生产。

二、技术关键

1. 氧化剂电解破解槽，通过电解的原理将废液中的氧化剂成分破除掉，保证系统产铜的效率和纯度。

2. 电解提铜设备，通过电解原理提取高纯度铜，铜纯度达到 99.97%以上。

3. 溶液调整系统：系统将已降低铜含量的微蚀刻再生液通过添加调节药剂，使各项指标值达至生产所需要求，待生产所用。

4. 自动添加系统：采用通过控制微蚀刻槽内铜离子含量自动添加药水，保证控制铜离子含量在 35~40 g/L，同时保证其他组分的规定含量。

典型规模

200 t/月的蚀刻废液处理量，5 t/月的标准阴极铜回收量。

主要技术指标及条件

一、技术指标

1. 微蚀液回用率（废液处理率）：100%；

2. 再生蚀刻液合格率：100%；

3. 阴极电解铜：含铜 99.97%以上；

4. 设备性能：符合企业验收标准。

二、条件要求

月蚀刻废液产量在 60 t 以上，提供 60 m² 以上的设备安装场地，60 kW 的电力负荷。

主要设备及运行管理

一、主要设备

设备主要包括：氧化剂破解槽、循环电解槽、自动添加缸、在线离子监控仪、PLC 智能控制系统。

二、运行管理

微蚀再生液在 PCB 企业已经有多年的应用经验，实践表明系统运行稳定。

投资效益分析

一、投资情况

总投资：320 万元。其中，设备投资：280 万元。

主体设备寿命：10 年。

运行费用：370 万元/年。

二、经济效益分析

微蚀液循环再生系统每月总经济效益约 55 万元，年总经济效益约为 600 万元。

三、环境效益分析

实现了微蚀废液的零排放。

技术服务与联系方式

一、技术服务方式

设备的设计、生产、安装、运行和维护。

二、联系方式

联系单位：深圳市洁驰科技有限公司

联 系 人：苏琬云

地 址：深圳市宝安区 3 区中粮地产集团中心 15 楼 1、2 室

邮政编码：518101

电 话：0755-27785959

传 真：0755-27784949

E-mail：jech@szjech.net

网站：http：//www.szjech.net

2011-005
项目名称

电镀废水膜法循环回用技术

技术依托单位

厦门市威士邦膜科技有限公司

厦门绿邦膜技术有限公司

推荐部门

福建省环境保护产业协会

适用范围

电镀废水、重金属废水、矿山废水。

主要技术内容

一、基本原理

电镀废水膜法循环回用技术，是通过对电镀废水水质的分析，同时结合现有的废水处理工艺，利用膜的选择透过性，并充分考虑回收后的经济效益的情况下开发出来的。膜分离技术的原理为采用高分子薄膜作介质，以附加能量为推动力，对多组分溶液进行表面过滤分离而达到回收不同资源的处理方法。

二、技术关键

1. 保证后道膜系统正常运行的废水预处理系统，该预处理系统的关键技术在于恰到好处地采用了超滤技术，保障了出水的稳定水质，符合最佳的膜分离系统进水水质稳定的要求。

2. 对电镀镍废水进行分离浓缩的 NF＋LFC＋RO 膜分离系统和将综合废水处理后回

9

用的膜分离系统。膜分离系统的关键技术为由于前段处理出水稳定，在不改变膜系统透过率的同时增加废水回流，提高了浓缩倍率，回用了大部分纯水。

典型规模

处理电镀废水量 640 m³/d。

主要技术指标及条件

1. 技术指标

产出纯水：重金属含量<0.01 mg/L，达到《电镀污染物排放标准》（GB 21900—2008）表 2 中的标准要求；纯水电导率小于 20 μS/cm；经膜回收系统处理后，镍总浓缩倍数达到 100 倍，符合生产回用浓度要求。

2. 条件要求

排放废水须按设计要求分质分流处理。

主要设备及运行管理

一、主要设备

设备主要包括综合废水调节池、铬废水收集池、铬还原池、隔油池、絮凝池、沉淀池、清水池、污泥浓缩池、板框压滤机、石英砂过滤器、活性炭过滤器、水箱、保安过滤器、UF 系统、NF 系统、RO 膜系统。

二、运行管理

项目采用自动化控制，因此运行人员需进行日常设备看管并清理化学法产生的污泥。

投资效益分析

以某电镀企业电镀废水膜法循环回用工程为例，其中，电镀镍废水膜法循环回用系统设计处理水量：40 m³/d；电镀综合废水膜法循环回用系统设计处理水量：600 m³/d。

项目系统总投资为 120 万元，其中设备投资 100 万元，主体设备（RO 膜系统、镍膜回收系统）的平均寿命为 2～3 年，项目运行费用为 93.28 万元/年。

技术成果鉴定与鉴定意见

一、组织鉴定单位

厦门市科学技术局。

二、鉴定时间

2009 年 4 月 23 日。

三、鉴定意见

国内领先水平。

推广情况及用户意见

一、推广情况

项目技术已在几十家公司投入运行，系统运行中回收系统各项性能指标达到了设计要求，整个系统废水回收率达 85%以上，镍回收率达到 99%以上，各级膜分离系统的通量和截流率稳定。系统产出纯水回用于生产。

二、用户意见

该技术应用于电镀废水的治理回用改变了传统的单一化法处理电镀废水的情况，该技术工艺回收大量的水资源和金属资源，在降低生产成本、提高企业的经济效益的同时，减轻了企业对周边环境的影响、提高了企业在社会群众中的形象，有着显著的经济、环境和社会效益。

获奖情况

2009 年 10 月，技术产品获评为厦门市自主创新产品；2010 年 3 月，相关技术获中国膜工业协会科技进步二等奖。

联系方式

联系单位：厦门市威士邦膜科技有限公司

联 系 人：俞海桥

地　　址：厦门市火炬高新区（翔安）产业区翔岳路 17 号

邮政编码：361101

电　　话：0592-316687

传　　真：0592-3166766

E-mail：haiqiao@visbe.cn

主要用户名录

厦门松霖科技有限公司、南安市九牧集团、中国航天科技集团长治清华机械厂、四川长虹电器股份有限公司、山东九鑫集团、优达（厦门）工业有限公司。

2011-006
项目名称

水解酸化＋接触氧化＋消毒脱氯工艺处理医院废水技术

技术依托单位

广州市浩蓝环保工程有限公司

推荐部门

广东省环境保护产业协会

适用范围

各种规模的医院废水的处理。

主要技术内容

一、基本原理

1. 经调节后的医院废水通过提升泵的提升进入水解酸化池，通过培养厌氧和兼氧性微生物菌群，利用厌氧菌群的生命活动作用，将污水中的大分子有机物分解成小分子有机酸，去除污水中的有机物，降低污水的 COD_{Cr}、BOD_5，并提高污水的可生化性。

2. 污水经水解酸化处理后的流入好氧池，池内均匀填满大量的生物填料，为好氧微生物提供栖息、生长繁殖的场所，好氧微生物在氧含量适宜的条件，通过利用水中的有机物作用营养物，进行分解代谢作用，把一部分有机物转化为自身所需的能量，一部分转化为二氧化碳和水，从而使水中的有机物得到去除，污水得到净化。

3. 沉淀池出来的清水由二氧化氯发生器产生的 ClO_2 在消毒池进行消毒处理，同时对残留于水中的其他污染物进一步氧化分解，然后进入脱氯池脱氯，经脱氯后的清水即可实现达标排放。

二、技术关键

1. 采用"水解酸化＋接触氧化＋消毒脱氯"工艺处理医院废水，技术参数合理，运行稳定。接触氧化池内填装填料作为生物床，增大了池内的表面积，其上附着大量分解有机物的好氧微生物，形成一层生物膜，在鼓风曝气时，经充氧的污水以一定的流速流经填料，有机物被吸附接触在生物膜表面上，进而被分解，生物膜受到上升气流的强烈搅动，加速了生物膜的更新速度，使微生物迅速地新陈代谢，提高其生物活性。

2. 采用 ClO_2 消毒技术，高效的消毒效果、对环境的安全性、环保和费用适中，保证出水对余氯的要求。二氧化氯对细胞壁有较好的吸附和透过作用，可有效地氧化细胞内含巯基的酶、抑制微生物蛋白质的合成，导致细菌死亡；二氧化氯作用时间较长，对病毒、芽孢都有杀灭作用，而且其酸碱使用范围较宽，水中 pH 对二氧化氯消毒大肠杆菌的效果影响不大。

典型规模

500 m^3/d。

主要技术指标及条件

一、技术指标

排放的水质达到《医疗机构水污染排放标准》（GB 18466—2005）。每处理 1 t 水运行总费用为 0.3～0.7 元，具体成本视原水水质及处理目标要求确定。

二、条件要求

适合各种规模的医院废水处理。

主要设备及运行管理

一、主要设备

格栅、潜污泵、提升泵、弹性填料、射流曝气机、二氧化氯发生器。

二、运行管理

系统控制先进，电气自动化程度高，人工管理方便。对主要设施定期进行人工操作、记录、检查、维护、保养等。

推广情况及用户意见

一、推广情况

到目前为止，已经在广东省内 30 家医院推广该技术，正在运行的项目出水稳定，运行经济，推广情况良好。

二、用户意见

废水通过该工艺的处理，出水稳定且水质好，运行成本较为经济，管理方便。

技术服务与联系方式

一、技术服务方式

可提供环保咨询、研发、设计、总包、运营、设备生产、技术培训、BOT 投资等技术服务。

二、联系方式

联系单位：广州市浩蓝环保工程有限公司

联 系 人：曹小联

地　　址：广州市天河区五山路 1 号华晟大厦 23 楼

邮政编码：510630

电　　话：020-28059537

传　　真：020-28059543

E-mail：09 sjzx@163.com

主要用户名录

中山市中医院、中山市人民医院、广东省人民医院、广东省第二人民医院、广东省第二中医院、广州市中医药大学祈福医院、广东药学院附属第一医院。

2011-007
项目名称

Microwater 高效微生物及其相应工艺处理制革废水新技术

技术依托单位

福建微水环保技术有限公司

推荐部门

福建省环境保护产业协会

适用范围

高浓度氨氮废水、制革废水。

主要技术内容

一、基本原理

针对皮革生产废水 COD 高、氨氮高、水量大的特点，采用了传统的物化处理系统与高效微生物处理系统相结合的技术方式，即首先采用沉淀-气浮的手段实现废水中大颗粒物质的分离去除，降低废水的 COD 和浊度，随后采用 A/O 生化系统重点去除水中的氨氮，并进一步降低水中 COD 浓度，后续出水除外排以外，还可通过深度过滤系统实现废水的深度回用。

二、技术关键

技术关键在其集成兼氧-好氧区的高效微生物处理系统。经过多年的研发，通过长期对微生物的筛选、驯化，在实验室培育出了高效微生物菌种——Microwater^{TM}高效微生物菌，并开发了与之配套的生化处理系统，形成了一套以高效微生物菌为核心的先进废水处理技术。Microwater^{TM}高效微生物处理系统，由于其食物链完整，所以具有泥龄长（可达到150 d以上）的特点，因此采用Microwater^{TM}高效微生物的A/O系统能够使硝化菌在生物系统中形成优势菌，从而保证较常规A/O系统有更好、更彻底的脱氮效果。

主要技术指标

一、技术指标

采用该技术COD去除率达到96%。氨氮的去除率达到了98%。此外，新采用的深度处理系统更实现了大部分废水的回用，实现了企业的节能减排。

二、条件要求

皮革生产废水实施清洁化生产，做到五水分流，分流分治，特别是对含铬废水，进入系统前达到小于20 mg/L，则系统能保证长期稳定运行，出水达到所需排放要求。

典型规模

3 000~4 000 t/d。

投资经济效益分析（以兴业皮革为例）

总投资：1 200万元；其中，设备投资：235万元。

主体设备寿命：8年。

运行费用：520万元/年。

环境效益分析

减少对水体的污染物排放量。其中，兴业皮革科技有限公司COD$_{Cr}$年削减量约为6 336 t/a，总铬年削减量约为25.1 t/a，氨氮年削减量约为389 t/a；冠兴皮革有限公司COD$_{Cr}$年削减量约为4 924 t/a，总铬年削减量约为19.1 t/a，氨氮年削减量约为296 t/a。

技术成果鉴定与鉴定意见

一、组织鉴定单位

福建省环境保护产业协会。

二、鉴定时间

2010年8月12日。

三、鉴定意见

该技术能保证达到高效脱氮和去除COD、BOD的效果；该技术先进、合理、可靠、适应性强；该技术具有良好的环境效益和经济效益，市场应用前景广阔。

推广情况及用户意见

一、推广情况

已推广的兴业皮革科技股份有限公司4 000 t/d、福建冠兴皮革有限公司3 000 t/d的制革废水处理系统，经当地环保监测部门监测并由环保局验收通过。峰安皮业股份有限公司4 000 t/d制革废水处理系统、徐州兴宁皮革有限公司6 000 t/d正在建设中。

二、用户意见

用户对此项技术满意度较高，此项技术的设施给原系统不能降解的氨氮得到近于100%的去除率，消除了企业的一大难题。并且在操作上简便、运行费用也大大地降低，在解决了企业难题的同时也降低了企业的运行成本。

技术服务及联系方式

一、技术服务方式

针对业主的实际需求，提供前期水质监测、技术咨询、诊断、试验、方案设计、技术的整体实施至达标排放及后期的应急事故处理方案，培训操作运行人员，可根据业主需要提供代管或者运营。

二、联系方式

联系单位：福建微水环保技术有限公司

联 系 人：舒建峰

地　　址：福州市鼓楼区温泉豪园 8#802

邮政编码：350002

电　　话：0591-87118718

传　　真：0591-87118728

E-mail：microwater2012@gmail.com

2011-008
项目名称

SD-UNR 焦化废水膜深度处理技术

技术依托单位

北京桑德环境工程有限公司

推荐部门

北京市环境保护产业协会

适用范围

焦化废水、印染废水、造纸废水、味精废水、制药废水等深度处理回用。

主要技术内容

一、基本原理

系统预处理工艺采用混凝沉淀＋砂滤的工艺，用于去除水中的大部分悬浮物和部分有机物等；主体工艺采用"超滤＋反渗透/纳滤"的双膜法的处理工艺，利用超滤膜微孔过滤的特性作为反渗透/纳滤的预处理，去除废水中的胶体、少量的矿物油和部分有机物等，以达到反渗透/纳滤的进水要求。另外超滤和砂滤反洗水经过混凝沉淀后，重新进入系统，使超滤和砂滤系统回收率接近100%；利用反渗透/纳滤膜脱盐的特性作为核心设备，去除废水中的硬度和有机物，使出水达到《污水再生利用工程设计规范》（GB 50335—2002）规定的循环冷却水补充水标准。并配以经过特殊设计的反渗透/纳滤系统可以大大减轻膜的污染，并可以提高反渗透/纳滤系统的回收率。

二、技术关键

采用纳滤技术，废水回收率高达95%，大大减少了浓缩液的排放量，使浓缩液能够在厂区内得到利用。

典型规模

280 m³/h。

主要技术指标及条件

一、技术指标

1. 进水水质

项目	数值	项目	数值
pH	6.5～9.0	氨氮/（mg/L）	≤20
TDS/（mg/L）	≤2 000	Cl⁻/（mg/L）	≤500
总硬度/（mg/L）	≤200	Fe/（mg/L）	≤0.1
SS/（mg/L）	≤70	Mn/（mg/L）	≤0.1
COD/（mg/L）	≤200	BOD₅/（mg/L）	≤10
油/（mg/L）	≤5	总磷/（mg/L）	≤2

2. 出水水质

出水水质达到且优于《污水再生利用工程设计规范》（GB 50335—2002）规定的工业循化冷却水水质标准，主要控制指标如下：

项目	标准值	项目	标准值
pH	6.5～9.0	Cl⁻/（mg/L）	≤250
总硬度/（mg/L）	≤50	Fe/（mg/L）	≤0.05
总碱度/（mg/L）	≤250	Mn/（mg/L）	≤0.05
BOD₅/（mg/L）	≤5	氨氮/（mg/L）	≤10
COD/（mg/L）	≤60	总磷/（mg/L）	≤1
TDS/（mg/L）	≤1000	粪大肠菌群/（个/L）	≤1 000

3. 技术参数

系统超滤设备运行压力为30～150 kPa，反渗透/纳滤设备运行压力为0.6～1.2 MPa。系统对悬浮物、胶体、硬度去除率可达98%以上，对COD去除率可达90%以上。

二、条件要求

进水COD不超过200 mg/L。

主要设备及运行管理

一、主要设备

砂滤器、自清洗过滤器、超滤设备、纳滤设备、反渗透设备、水泵、电器自控设备。

二、运行管理

自动化操作，可以实现无人操作。

投资效益分析（使用者）

一、投资情况

总投资：2 780 万元。其中，设备投资：1 850 万元。

主体设备寿命：膜使用寿命 5 年，其余主要设备使用寿命 15 年。

运行费用：113 万元/年。

二、经济效益分析

252 m^3/h 产水代替自来水用在循环冷却水上，以工业用水以 5 元/t 计算，每年可为公司节省成本 1 103.76 万元。

三、环境效益分析

污水深度处理站的投入运行，大大改善了作业条件，同时使周边的生态环境也得到了最大限度的保护，杜绝了环境纠纷，对周边环境也没有二次污染。减少了污水外排，增加了厂内水资源回用。

推广情况及用户意见

一、推广情况

目前已有唐山中润煤化工有限公司、攀枝花攀煤联合焦化有限公司等使用。

二、用户意见

使用情况良好。

获奖情况

河北省节能减排示范项目。

技术服务与联系方式

一、技术服务方式

总承包工程

二、联系方式

联系单位：北京桑德环境工程有限公司

联 系 人：莫耀华

地　　址：北京市通州区马驹桥环宇路 3 号

邮政编码：101102

电　　话：010-60504456

传　　真：010-60505525

E-mail：gxmdy@139.com

主要用户名录

唐山中润煤化工有限公司、攀枝花攀煤联合焦化有限公司。

高浓度有机废水两级两相厌氧处理技术

技术依托单位

哈尔滨工业大学水资源国家工程研究中心有限公司

推荐部门

哈尔滨市环境保护产业协会

适用范围

高浓度有机废水处理

主要技术内容

一、基本原理

高浓度有机废水首先进入水解酸化反应器，复杂的、难降解的有机物质被降解转化为小分子酸、醇，如乙酸等；而后进入调节缓冲混合器中，经投加酸性或碱性药剂和蒸汽加温等措施使废水达到外循环（EC）厌氧反应器的进水指标；废水依次进入一级、二级外循环（EC）厌氧反应器，在这里产甲烷菌将甲醇、乙酸、CO_2/H_2 等小分子物质转化成 CH_4、CO_2，并通过三相分离系统排出反应器；一级外循环（EC）厌氧反应器的容积负荷高[25～30 kgCOD/（$m^3 \cdot d$）]、水力停留时间短、表面上升流速快（8～12 m/h），形成的颗粒污泥粒径较大，产甲烷率高，COD 去除率高（75%～85%）；抗冲击负荷能力、抵御有毒有害物质侵蚀能力强，对于进水水质波动适应性好。二级外循环（EC）厌氧反应器的容积负荷相对较低、水力停留时间较长、表面上升流速较慢（5～7 m/h），形成的颗粒污泥粒径较小，产甲烷率低，COD 去除率相对较低（50%～65%），但出水水质好，有效地减轻了后续处理构筑物的处理负荷。另外，当一级反应器出现运行异常时，二级反应器可有效地截流并降解有机物，从而保证整个处理系统的稳定。

二、技术关键

针对高浓度有机废水的水质特点，依据两相厌氧工艺、分级厌氧工艺原理及厌氧微生物的生理生态学特征，以外循环（EC）厌氧反应器作为两级产甲烷段的处理单体，提出高浓度有机废水两级两相厌氧处理技术；构建高浓度有机废水两级两相厌氧处理理论，并对其中有机物转化、降解机理进行探讨；对两级厌氧工艺各单体中的高效微生物的种群结构、生态位、生长限制因子等进行探讨，揭示其生理生态规律，并通过控制主要生态因子来实现反应器运行的优化；开发出采用两级两相厌氧工艺的处理技术和设备。

投资效益分析（中煤黑龙江煤炭化工（集团）有限公司，8 800 m³/d）

一、投资情况

总投资：5 100 万元。其中，设备投资 1 340 万元。

主体设备寿命：10 年。

运行费用：274 万元/年。

二、经济效益分析

建设投资节省 15%～45%，占地面积减少 20%～40%，运行费用降低 20%～30%。

技术服务与联系方式

联系单位：哈尔滨工业大学水资源国家工程研究中心有限公司

联 系 人：石广济

地　　址：哈尔滨市南岗区海河路 202 号

邮政编码：150090

电　　话：0451-86283001

传　　真：0451-86283001

E-mail & URL：han13946003379@163.com

2011-010

项目名称

高浓度有机废水浓缩燃烧技术

技术依托单位

济南军泽科技发展有限公司

推荐部门

中国环境保护产业协会循环经济委员会

适用范围

麦草造纸制浆、稻草造纸制浆、化纤废水、化机浆废水、黄姜皂素废水等。

主要技术内容

一、基本原理

基本原理是将高浓度有机废水（造纸黑液和棉短绒黑液是其中的两种）利用多效蒸发器由 2%～16%浓缩到 40%以上进燃烧炉燃烧。浓缩后的废水彻底烧掉变成气体，废水中的有机物变成 CO_2 气体。蒸发浓缩过程中产生的冷凝水可以供生产循环利用。

二、技术关键

1. 以导热油为传热介质的新型碱回收锅炉。在降低炉膛水冷程度、改善给风、防止积灰等方面采取了多项技术措施，能够在除点火外不加辅助燃料维持正常燃烧工况。导热油锅炉系统的设备造价比蒸汽锅炉系统的造价节约 30%。

2．在黑液有机物燃烧配套设备和自动控制的集成方面进行了改进，做到操作更简便，全系统热能利用率比现有技术提高 40%，运行成本比现有技术降低 40%。

典型规模

日处理 6% 的棉短绒黑液 1 000 t。

主要技术指标及条件

一、技术指标

1．浓缩后的废水彻底烧掉，废水中的有机物被氧化分解成 CO_2 气体，高浓废水不再往河流里排放。

2．蒸发浓缩过程中产生的冷凝水供生产循环利用。

3．采用导热油作为加热介质，比蒸汽加热节能 30%，减少 30% 的 CO_2 气体排放。

二、条件要求

1．废水的浓度比较高，COD_{Cr} 20 000 mg/L 以上，也就是浓度 2% 以上，采用常规的好氧、厌氧技术难以达标。

2．废水中有碱的，可以回收。

主要设备及运行管理

一、主要设备

导热油锅炉系统，多效蒸发机组，提取设备、苛化设备 4 个工段。

二、运行管理

锅炉的安全管理。

投资效益分析（使用者）

一、投资情况（以每日处理 6% 的棉短绒黑液 1 200 t 为例）

总投资：3 200 万元。其中，设备投资：2 660 万元。

主体设备寿命：15 年。

二、经济效益分析

日产 1 200 t 棉浆黑液，每小时可回收碱约 1.2 t，按目前市场价格每吨碱 2 000 元，回收成本 800 元，以年运行 7 000 h 计，则一年回收碱的效益为 1 008 万元。蒸发、焚烧、苛化三个工段的总投资大约在 3 000 万元。

技术服务与联系方式

一、技术服务方式

工程总承包

二、联系方式

联系单位：济南军泽科技发展有限公司

联 系 人：程好军

地　　址：济南市高新区环保科技园 F 北 2 001 号

邮政编码：250101

电　　话：0531-83177858

传　　真：0531-83177858
E-mail & URL：jnjzkj@yahoo.com.cn

2011-011
项目名称

石化行业高浓度难降解工业废水的深度处理系统

推荐部门
　　大连市环境保护产业协会
技术依托单位
　　大连善水德水务工程有限责任公司
适用范围
　　石油化工等行业，高浓度、难降解工业废水的深度处理。
主要技术内容
　　一、基本原理
　　项目是包括气浮、臭氧、曝气生物滤池、高效纤维束过滤器及二氧化氯消毒设备。原水首先通过气浮设备进一步降低其中的油及 SS（可使污水中的油及 SS 均降低至 10 mg/L 以下），为提高臭氧利用率并保证臭氧催化氧化效果奠定基础。气浮出水经臭氧氧化改善其可生化性后流入曝气生物滤池，有机物（臭氧氧化产物）被填料上附着的微生物分解为二氧化碳和水，氨氮则被硝化细菌转变为稳定的硝酸盐。通过臭氧氧化及生物代谢作用，污水中的有机物、氨氮得到了较为彻底的去除。曝气生物滤池内脱落的生物膜被后续的高效纤维束过滤器截留，而高效纤维束过滤器出水经二氧化氯消毒后满足石化企业回用标准，直接用作循环冷却水补给水，充分实现了石化企业污水"零排放"的目标。
　　二、技术关键
　　技术关键是臭氧氧化与微生物代谢的联合。其中臭氧单元的主要功能是通过臭氧及其自由基的强氧化作用，将水中不可降解的、难生化降解的溶解性有机物氧化成短链、失稳的小分子物质，从而被后续生化单元中的微生物摄取、分解代谢。而臭氧与曝气生物滤池不是两个孤立的单元，是相互依存的统一体。针对废水中残存的有机物，投加不同量的臭氧，会得到不同的氧化产物，不同的氧化产物会产生不同的适宜菌群，而不同的菌种又有不同的世代时间。由此建立起的臭氧—微生物菌种代谢数学模拟方程对石化企业污水深度处理具有很好的指导意义。
典型规模
　　350 t/h（大连西太平洋石油化工有限公司）。

主要技术指标及条件

一、技术指标

序号	项目	进水水质指标	出水水质指标
1	pH	6~9	6~9
2	石油类/（mg/L）	≤5	≤0.5
3	COD_{Cr}/（mg/L）	≤150	≤30
4	BOD_5/（mg/L）	≤60	≤5
5	氨氮/（mg/L）	≤25	≤2
6	悬浮物/（mg/L）	≤100	≤10

出水指标优于《循环冷却水用再生水水质标准》（HG/T 3923—2007）和《城市污水再生利用 城市杂用水水质》（GB/T 18920—2002）标准。

二、条件要求

对进水水质的盐度要求小于 5 000 mg/L。

主要设备及运行管理

一、主要设备

核心设备包括：高效溶气气浮机、臭氧发生器、高效纤维束过滤器、二氧化氯发生器等。

二、运行管理

日常运行管理应遵照运行管理手册，设备维护遵照相应供货商的设备使用维护手册。

投资效益分析（以大连西太平洋石油化工有限公司 350 t/h 污水深度处理工程为例）

一、投资情况

总投资：3 983.1 万元。其中，设备投资：2 521 万元。

主体设备寿命：15 年。

运行费用：1.49 元/t（含设备折旧费用）。

二、经济效益分析

项目建成后，年节约新鲜水使用 294.00 万 t，年减少排污费 214.62 万元，年增加效益 564.64 万元。

三、环境效益分析

每年可以减少 COD 排放量 367 t、氨氮 70 t。

推广情况及用户意见

一、推广情况

已完成 4 个石化污水深度处理项目的工艺技术合同签订，目前正在跟踪的项目达到 11 个，该工艺技术已得到多个专家、业主、设计单位的认可和好评，市场前景广阔。

二、用户意见

出水水质良好、运行稳定、运行费用低。

技术服务与联系方式

一、技术服务方式

项目设计、施工和运营。

二、联系方式

联系单位：大连善水德水务工程有限责任公司

联 系 人：李云龙

地　　　址：辽宁省大连市开发区辽河西路 73 号融通大厦 16 层

邮政编码：116600

电　　话：0411-39219767

传　　真：0411-39219770

E-mail & URL：liyl@shanshuide.com

主要用户名录

大连西太平洋石油化工有限公司、中国石油化工股份有限公司长岭分公司、中国石油广西钦州炼油厂、中国海油惠州炼油分公司。

2011-013

项目名称

商品浆造纸废水处理的高效厌氧处理装置

技术依托单位

山东绿泉环保工程有限公司

推荐部门

中国环境保护产业协会水污染治理委员会

适用范围

商品浆造纸废水。

主要技术内容

一、基本原理

厌氧处理是指在无分子氧的条件下通过厌氧微生物（包括兼氧微生物）的作用，将废水中各种复杂有机物分解为甲烷和二氧化碳等的过程，通常需要时间较长。高分子有机物的厌氧降解过程可以被分为四个阶段：水解阶段、发酵（或酸化）阶段、产乙酸阶段和产甲烷阶段。经研究发现，将厌氧过程控制在水解和酸化阶段，可以在短时间内和相对高的负荷下获得较高的悬浮物去除率，并大大改善和提高废水的可生化性和溶解性，为后续 EGSB 厌氧反应器进行厌氧发酵生成 CH_4 提供大量的乙酸和乙酸氨。

EGSB 厌氧反应器的工作原理是采用出水、内外循环与沼气循环相结合的复合循环方式和技术手段，保持颗粒污泥处于悬浮状态，并对几种循环的强度、方式及比例进行调控，以促使颗粒污泥的快速形成以及结构和活性的维持，实现反应器内微生物与基质的充分接触与传质，加快反应速率。

二、技术关键

1.水解预酸化池：采用脉冲均匀布水方式。短时间内在相对高的负荷下获得较高的 SS 去除率，且废水的可生化性和溶解性得到大大改善和提高，为后续 EGSB 反应器内 CH_4 的生成起到引擎的作用。

2.EGSB 厌氧反应器：采用专有布水装置，布水装置的进料布水系统仅需一个总控制，保证了装置的水力流速大小可以调节，使 EGSB 装置内水力流速保持在一个设定的参数范围内，利于颗粒污泥的增长和流化，使 EGSB 装置具有最大的负荷效率。

典型规模

日处理废水量 10 000 m^3。

主要技术指标及条件

一、技术指标

1. 水解酸化调节池

水力停留时间：HRT＝6 h

2. 高效厌氧反应器

高效厌氧反应器容积负荷＞15 kgCOD$_{Cr}$/（m^3·d）。

COD 去除率：60%～75%

甲烷产率为 0.45 m^3/kg COD$_{Cr}$。

二、条件要求

1.基质的组成是直接影响厌氧处理效果及微生物生长的，一般情况下要求 COD：N：P＝200：5：1。

2. 高效厌氧反应器厌氧发酵要求温度为 25～30℃，冬季需少量加热。

3. 厌氧处理中产甲烷菌的最适 pH 为 7.0～7.5，pH 低于 6.5～6.8 时，产甲烷菌就会受到抑制。

主要设备及运行管理

一、主要设备

主要包括水解预酸化反应器、进料池和 EGSB 高效厌氧反应器。

二、运行管理

制定各岗位安全操作规程、机械设备维护、维修规程、防火规程及安全检查制度等。

投资效益分析（以山东天和纸业有限公司 10 000 m^3/d 废水处理工程为例）

一、投资情况

总投资：1 512.73 万元。其中，设备投资 893 万元。

主体设备寿命：20 年。

运行费用：477 万元/年。

二、经济效益分析

工程全部达产后每年可节约排污费 272 万元，与原有废水处理工艺相比每年可节约运行成本 720.8 万元。厌氧生物处理产生的沼气用于发电可实现年创纯收入 239 万元。

三、环境效益分析

该工程建设使每年排入地面水体的污染负荷大幅度削减。每年排放的 COD_{Cr} 减少 16 796 t；BOD_5 减少 4 318 t；SS 减少 897.6 t。

技术成果鉴定与鉴定意见

一、组织鉴定单位

中国环境保护产业协会水污染治理委员会。

二、鉴定时间

2011 年 4 月 2 日。

三、鉴定意见

该技术针对商品木浆抄造文化用纸废水成分复杂、可生化性差的特点，采用"水解预酸化＋EGSB 高效厌氧反应器"作为好氧处理的预处理工艺。和传统的物化预处理相比，大大提高了 COD 去除率，有效降低了后续好氧处理系统的负荷和运行成本，并有效回收了产生的沼气，实现了节能减排并举。建议在相应的造纸行业中进一步推广和应用。

推广情况及用户意见

一、推广情况

该技术已成功应用于山东天和纸业有限公司和山东菏泽勇越纸业有限公司，并取得良好的处理效果，使出水能够达标排放。

二、用户意见

该项工程投入运行以后，设备运行良好，处理效果好，出水水质达到排放标准。

技术服务与联系方式

一、技术服务方式

项目设计、施工和运营。

二、联系方式

联系单位：山东绿泉环保工程有限公司

联 系 人：周焕祥

地　　址：山东省济南市历城区舜华路 2 000 号舜泰广场 6 号楼 1602

邮政编码：250100

电　　话：0531-83530711

传　　真：0531-83530922

E-mail & URL：sdlqhb@126.com

　　　　　　　http：//www.lvquan.cn

主要用户名录

山东天和纸业有限公司、山东菏泽勇越纸业有限公司。

造纸污水深度处理工艺技术与设备

技术依托单位

山东思源水业工程有限公司

推荐部门

山东省环境保护产业协会

适用范围

适用于造纸、化工、食品、制药等行业大中型有机废水处理工程。

主要技术内容

一、基本原理

废水与颗粒污泥充分混合接触，有机物被厌氧菌种吸附分解为沼气，从而降低 COD_{Cr}。

二、技术关键

（1）均衡布水技术；

（2）气，液，固三相分离技术；

（3）内循环技术。

典型规模

18 000 m^3/d。

主要技术指标及条件

一、技术指标

削减主要污染物名称	COD_{Cr}	BOD_5	SS	pH
单位	mg/L	mg/L	mg/L	
应用前	3 252	1 694	699	7～8
应用后	975	170	210	
削减率/%	70	90	70	

二、条件要求

1. 温度 35～37℃。

2. pH 为 7～8。

主要设备及运行管理

一、主要设备

SIC 高效厌氧反应器，消泡罐，贮气柜等。

二、运行管理

自动化控制，人员负责日常维护及检测。

投资效益分析（18 000 m³/d）

一、投资情况

总投资：1 200 万元。其中，设备投资：800 万元。

主体设备寿命：20 年。

运行费用：170.82 万元/年。

二、经济效益分析

处理效率高，出水水质好，成本低，保证企业生产正常运行。

三、环境效益分析

减少了周围环境污染纠纷，没有二次污染。

推广情况及用户意见

一、推广情况

现有工程应用案例 5 家，主要用于造纸废水的厌氧处理，下一步向食品类废水推广。

二、用户意见

处理效果好，出水水质达到要求。

技术服务与联系方式

联系单位：山东思源水业工程有限公司

联 系 人：庞鹏远

地　　址：山东省济南市高新区正丰路东侧

邮政编码：250100

电　　话：0531-88065540

传　　真：0531-88909641

E-mail & URL：sy@wwanwater.cn

www.swanwater.cn

主要用户名录

山东海润纸业有限公司、广东理文造纸有限公司、山东海韵生态纸业有限公司、济源市腾盛纸业有限公司、湖北宏发再生资源科技发展有限公司。

农化行业甲醛废水资源化技术及设备

技术依托单位

杭州天创环境科技股份有限公司

推荐部门

浙江省环境保护产业协会

适用范围

农化行业。

主要技术内容

一、基本原理

项目自主开发了以膜分离技术为核心的甲醛废水资源化处理技术，解决了低浓度乌洛托品浓缩费用高的难题。项目利用废水中的低浓度甲醛和氨反应生成乌洛托品，再利用膜对混合物各组分的选择透过性来提浓乌洛托品，将浓度提高到20%后经双效蒸发、结晶分离得到乌洛托品成品。

二、技术关键

废水中甲醛资源化技术、膜分离浓缩乌洛托品技术、膜浓缩系统自净技术、连续氨化反应技术。

典型规模

300 t/d。

主要技术指标及条件

一、技术指标

提高乌洛托品的质量使其含量达到99.5%，进一步完善工艺技术，确定关键控制点，保证产品质量的稳定。

处理废水量：300 m^3/d；乌洛托品含量：≥98%；甲醛回收率：≥90%。

二、条件要求

设备使用环境：温度：5～40℃；压力：常压。

供气：清洁干燥压缩空气，压力0.4～0.6 MPa。

主要设备及运行管理

一、主要设备

主要设备包括：原液的预处理装置、原液的膜浓缩装置、加药及清洗装置等。膜浓缩装置部分由增压泵、预过滤器、膜壳、高压泵、电器、仪表、自控等组成。

二、运行管理

项目产品采用PLC全自动控制系统和人机界面操作，能可靠地控制和了解设备的运行状态和各种工艺参数，将复杂的工艺过程通过自动控制来实现。

投资效益分析

一、投资情况

总投资：400 万元。其中，设备投资：300 万元。

主体设备寿命：10 年。

运行费用：10 元/t。

二、经济效益分析

国内一些厂家对低浓度甲醛废水未进行回收利用，大都采用物化、生化等手段处理，排放。项目产品可以回收废水中的甲醛，回收率在 90% 以上，废水中甲醛含量以 2.0% 计，则每天可回收 14.6 t 含 37% 的甲醛，每年回收 4 816 t，每吨甲醛以 1 000 元计，则一年可节约费用 482 万元。

三、环境效益分析

项目的实施有助于解决因农化行业造成的环境问题，实现资源化利用。节能降耗，与传统工艺相比可节约能源消耗 70% 以上。清洁环保，在节能的同时降低了大气污染，而且设备常温无相变运行，消除了有毒蒸汽的产生。

推广情况及用户意见

一、推广情况

目前项目产品在大型农化生产厂家试点工程的带动下（如江山化工、扬农化工、嘉化集团等），公司在整个膜法处理农化废水行业形成了较高知名度，市场渠道、技术配套、售后服务都已趋于成熟。

二、用户意见

设备使用效果良好，各项指标均达到设计水平。经设备处理后，废水中甲醛回收率 93% 以上，乌洛托品含量达到 98%，克服了传统处理方法中只能处理低含量甲醛，不能回收利用的技术难题，实现了甲醛废水的资源化处理，具有节能、高效、环保等优势，很好地解决了生产过程中的实际问题。

技术服务与联系方式

一、技术服务方式

公司培训大批专业的销售及售后技术人员，结合公司原有的各地方办事处，分布到各地和客户厂家进行一对一的咨询及售后服务。

二、联系方式

联系单位：杭州天创环境科技股份有限公司

联系人：赵经纬

地址：杭州市余杭区仓前工业园海曙路 16 号

邮政编码：311121

电话：0571-88620831

传真：0571-88620836

主要用户名录

捷马化工股份有限公司、浙江拜克开普化工有限公司、江苏好收成韦恩农药化工有限公司、江苏扬农化工有限公司、四川迪美特生物科技有限公司、山东潍坊润丰化工有限公司。

2011-016
项目名称

高速铁路轨板厂生产污水回用技术

技术依托单位

中铁四局集团有限公司

推荐部门

安徽省环境保护产业协会

适用范围

高速铁路轨道板加工生产污水处理以及石材、陶瓷和抛光砖等行业的粉尘净化处理。

主要技术内容

一、基本原理

根据清洁生产"3R"理论，将高速铁路轨板的打磨生产污水，经过物理处理和简单化学处理后，使固液分离，澄清后的污水回用到生产中。污泥经压滤机脱水处理，固化部分外运集中掩埋，排出的水经管道回流至污水池进行再处理回用，实现了生产污水的"零排放"。

二、技术关键

1. 水塔：污水的主要处理单元。水塔迫使污水与絮凝剂充分反应并分层，塔顶部的出水堰流出较清澈的水经纸带过滤机回清水池。塔底锥部堆积浓缩污泥经塔底部阀门排出；

2. 加药装置：絮凝剂与自来水按比例混合经搅拌器搅拌均匀，计量泵将混合好的药液进入污水管，随同污水一起进入水塔芯筒进行分离处理；

3. 气动隔膜泵和压滤机：气动隔膜泵将污泥桶中的污泥打入压滤机，压滤机是一种间歇工作的加压过滤设备，其主要功能是将污泥脱水，压滤后形成的泥饼比较干燥，方便外运填埋处理。压滤机排出的水经管道回流至污水池。

典型规模

250 m^2。

主要技术指标及条件

1. 污水处理设施占地面积 250 m^2；

2. 污水回用率：100%；

3. 打磨污水 pH：11～12。

主要设备及运行管理

一、主要设备

污水处理成套设备、磨床水处理电控柜。

二、运行管理

项目运行费用 14.4 万元/年。

投资效益分析

一、投资情况

总投资：77 万元。其中，设备投资：50 万元。

主体设备寿命：15 年。

运行费用：14.4 万元/年。

二、经济效益分析

投资 77 万元，10 个月回收；直接经济效益 182 万元/年。

三、环境效益分析

泥浆脱水固化处理后，减少了泥浆处置所需的临时占用土地；污水回用，减少了生产用水量（每年 76.14 万 t），节约了水资源。同时，也避免了生产污水排放对地表水的影响。

推广情况及用户意见

一、推广情况

已运用于国内多条高速铁路轨道板生产污水的处理和回用。

二、用户意见

投资省、运营维护费用低，经济效益、环境效益均好。

获奖情况

2009 年安徽省重点环境保护实用技术推广项目。

技术服务与联系方式

一、技术服务方式

工程承包、工程设计与咨询

二、联系方式

联系单位：中铁四局集团有限公司

联 系 人：程昊

地　　址：合肥市望江东路 96 号

邮政编码：230023

电　　话：0551-5246030

传　　真：0551-5244830

E-mail & URL：chenghao1011@163.com

高压脉冲电絮凝污水处理器

技术依托单位

云南银发环保集团股份有限公司

推荐部门

云南省环境保护产业协会

适用范围

重金属废水、难生化降解、含乳化油废水治理。

主要技术内容

一、基本原理

高压脉冲电絮凝污水处理器是利用电化学的原理，在电流的作用下溶解可溶性电极，使其成为带有电荷的离子并释放出电子，产生的离子与水电离后产生的（OH^-）结合，生成有絮凝作用的化合物。另外释放出的电子还原带有正电的污染物，从而达到去除污染物的目的。电絮凝器取代了复杂的化学处理法，并减少或避免对酸、氢氧化物、三氧化铁、亚硫酸盐或其他许多试剂的需求和依赖，能有效去除污水中的有机物、重金属、悬浮颗粒、油、油脂、细菌等。

高压脉冲电絮凝污水处理器是在传统电絮凝基础上研发的，它解决普通电絮凝不能解决的问题，比如污水处理量大、高浓度有机污水不能处理达标问题，以及电极材料消耗量大，运行费用高等。高压脉冲电絮凝污水处理器采用几何形状的同轴电絮凝管，使阴极、阳极间液体与阴阳极获得最充分的表面接触，并在脉冲电场的作用下，使能耗降到最低，运行费用远低于普通电絮凝器，同时产泥量低，易于实现重金属的回收利用。

二、技术关键

（1）高频或脉冲电场和同轴电絮凝的合理组合，会产生更大量的、具极强氧化性能的羟基自由基（·OH）和新生态的混凝剂，使废水中的污染物发生诸如催化氧化、分解、混凝、吸附等作用，能有效去除污水中的重金属等污染物。

（2）同轴电絮凝在高频电场和敏化剂的作用下，可以发生一般电絮凝很难发生的络合反应和诱导氧化反应。

（3）由于是在一个封闭的空间内进行电化学反应，使得诱导催化、氧化反应、还原反应、络合反应、溶气等一次完成，大大缩短了处理时间，提高了处理效率。

（4）同轴电凝聚管的几何形状可使阴极、阳极间液体与阴阳极获得最充分的表面接触，在高频或脉冲电场的作用下，使有效操作的能耗降低到最小限度，运行费用低于一般的电絮凝技术。

（5）利用同轴电絮凝的技术特点，可以在污水处理中回收有价值的物质。如处理电镀、电解废水时，可以同时回收铬或铜。

典型规模

1 000 m^3/d。

主要技术指标

单反应器处理水量：4.5 m^3/h。

每级反应器砷去除率：≥90%。

每级絮凝剂加药量：10～15 mg/L。

主要设备及运行管理

一、主要设备

针对含砷污水的特点，本系统由进水预处理、四级同轴电絮凝反应器、四级固液分离器、叠螺式污泥脱水系统、药剂添加系统组成。

二、运行管理

操作过程是由一个可编程序控制器（PLC）来进行的，并通过一个 RS232 接口与上位机连接。系统由计算机监控并且通过显示器显示操作状态。

投资效益分析

以阳宗海含砷废水处理项目（1 000 m^3/d）为例，建设总投资 1 711.44 万元，其中建设投资 1 595.75 万元，流动资金 115.7 万元；每年运行费用为 589.55 万元，3 年总运行费用 1 768.66 万元。项目合计投资 3 480.09 万元。

推广情况及用户意见

高压脉冲电絮凝污水处理技术已在阳宗海含砷废水处理示范工程中成功应用，取得了良好的处理效果，用户口碑皆佳。

获奖情况

云南省重点新产品。

联系方式

联系单位：云南银发环保集团股份有限公司

联 系 人：郭艳玲

地　　址：云南省昆明高新区海源北路 658 号生物科技创新中心 4 楼

邮政编码：650106

电　　话：0871-8303788、8329158

传　　真：0871-8316718

E-mail ：yinfa@ynyf.cn

2011-019
项目名称

电驱动膜分离器

技术依托单位

浙江千秋环保水处理有限公司

推荐部门

中国膜工业协会

适用范围

废水处理及脱盐。

主要技术内容

一、基本原理

电驱动膜分离器是在直流电场的作用下，利用阴、阳离子交换膜对溶液中阴、阳离子的选择透过性（即阳膜只允许阳离子通过，阴膜只允许阴离子通过），而使溶液中的溶质与水分离的一种物理化学过程。电驱动膜分离器系统由一系列阴、阳膜交替排列于两电极之间组成许多由膜隔开的小室。当原水进入这些小室时，在直流电场的作用下，溶液中的离子做定向迁移。阳离子向阴极迁移，阴离子向阳极迁移。但由于离子交换膜具有选择透过性，结果使一些小室离子浓度降低而成为淡水室，与淡水室相邻的小室则因富集了大量离子而成为浓水室。从淡水室和浓水室分别得到淡水和浓水。原水中的离子得到了分离和浓缩，起到了净化或浓缩的作用。

二、技术关键

1. 采用自主研发的电驱动膜；
2. 改进隔板流道，减少漏电流，提高电流效率；
3. 改进电极板工艺；
4. 夹紧装置。

主要技术指标

电驱动膜分离器性能参数

测试项目	低含盐量指标	高含盐量指标
电流效率，η	≥85%	≥65%
脱盐率/%	≥35	—
每对膜的脱盐量/[mg/（s·A）]	—	≥0.39
进出口压降/kPa	≤50	≤50

投资效益分析（大庆油田 9 351 m³/d 含油污水处理）

总投资：5 452 万元。其中，设备投资：1 650 万元。

运行费用：478 万元/年。

技术成果鉴定与鉴定意见

一、组织鉴定单位

浙江省科技厅。

二、鉴定时间

2006 年 5 月 30 日。

三、鉴定意见

电驱动膜分离器采用自主研发的电驱动膜构成。改进了装置的水透过率和盐扩散系数，可用于高浓度盐溶液（30 000 mg/L 以上）的浓缩和分离。改进了膜分离器的结构，加长了隔板的布水槽长度，减少了漏电，提高电流效率达 5%以上。产品的上述性能指标在国内处于领先水平。

推广情况

已在陕西兴化化学股份有限公司、中国铝业山东分公司、山东德州谷神生物科技集团有限公司、海南正业中农高科股份有限公司、安徽蚌埠丰原集团公司、上虞创峰化工厂等单位废水处理及生产过程中应用。

获奖情况

第二届中国膜工业协会科学技术一等奖、国家环境保护科学技术奖三等奖、杭州市科学技术三等奖、浙江省工业新产品。

技术服务与联系方式

一、技术服务方式

工程承包。

二、联系方式

联系单位：浙江千秋环保水处理有限公司

联系人：宋新生

地址：浙江省临安市於潜镇横山工业园

邮政编码：311311

电话：0571-63887857

传真：0571-63887820

网址：www.china-qianqiu.com

E-mail：13968033213@163.com

主要用户名录

江苏海伦石化有限公司；大庆油田、哈尔滨工业大学水资源国家工程研究中心公司；中石化西南分公司、四川帝澳环保节能工程有限公司；中国铝业山东分公司；陕西兴化化学股份有限公司、四川川化股份有限公司、山东联合化工。

2011-020
项目名称

污水电解式银回收及处理系统

技术依托单位

大连科思特固态化学材料有限公司

推荐部门

大连市环境保护产业协会

适用范围

电路板制版、印刷制版、医疗 X 光、彩扩摄影、印染及探伤制版等行业排放的重金属银离子回收处理。

主要技术内容

一、基本原理

采用带有阴极和阳极的可通过溶液的筒式电解装置,可以实现智能型控制电源,调节电解过程中的电流参数及电压参数,在无副反应的条件下,实现溶液中贵重金属离子平稳高效回收及废液再生。

二、技术关键

1. 机械机构紧凑,可以实现旁路回流系统、采用带有阴极和阳极的可通过溶液的筒式电解装置紧密连接;

2. 智能型控制电源,可以实现控制电流电压参数、化学浓度和电化学过程——智能化控制于一体的智能控制系统;

3. MS 流量控制器精确控制废液溢出流量,使银离子充分过滤;MR 环保过滤装置吸收溢流中残余的银;ESB 综合环保处理器综合处理排放的显影、定影液与冲洗水,其排放污水达到《污水综合排放标准》(GB 8978—1996)。

典型规模

单机废液月处理量:0～1 500 L。

主要技术指标及条件

一、技术指标

废定影液中银离子的回收率:>99%;

废定影液循环利用率:>30%;

回收白银纯度:>99%;

二、条件要求

适用于摄影店、印刷制版、电路板制版中含银离子的废定影液提银。

主要设备及运营管理

一、主要设备

智能化可视全自动电源控制器、旁路回流系统、带有阴极和阳极的可通过溶液的筒式电解装置及泵、MS 流量控制器、MR 环保过滤装置、ESB 综合环保处理器。

二、运行管理

采用全自动控制，无须专人看管，耗能低，无耗材，操作简便，洁净生产，彻底清除重金属污染，对任何设备无负面影响，保证山片质量。

投资效益分析

一、投资情况

总投资（设备投资）：18 000～136 000 元，投资回报期为 0.3～2 年，该设备使用寿命为 15 年。

二、经济效益分析

以一家中型厂家为例：

每月约生产定影废液 500 L，废液中银的浓度在 15 g/L 以上，每月产生的银回收价值为 45 750 元。

三、环境效益分析

污水电解式银回收及处理系统系列产品不仅高效回收白银，在源头上控制了含银废水资源的流失，而且在产品本身运行过程中洁净无害。

推广情况及用户意见

一、推广情况

2005 年以来，该系列产品在大连、上海、杭州、苏州、无锡、昆山、广州、深圳推广应用近百家。

二、用户意见

设备运行过程中清洁、无污染，不需要专人看管；可以高效回收废定影液中的白银，消除废定影液中贵金属对环境的严重污染，提取白银可以增加经济效益，既节约成本、增加收益，又防治污染、保护环境。

获奖情况

2006 年辽宁省自主创新优秀品牌、2007 年辽宁省科技成果转化项目、2007 年大连市技术发明奖、2008 年科技部国家火炬计划项目。

技术服务与联系方式

一、技术服务方式

公司为客户提供完备的售后服务，主要采取提供技术服务后定期回访、对需要技术培训的相关人员进行培训、问题回馈以及派遣技术人员现场排除故障等方式。

二、联系方式

联系单位：大连中科低碳贵金属有限公司

联 系 人：游振华

地　　址：大连市高新园区火炬路 1 号 A 座 416 室

邮政编码：116025

电　　话：0411-84754966

传　　真：0411-84754477

E-mail：solchem@126.com

http://www.solichem.com

主要用户名录

富士康科技集团宏群胜精密电子（营口）有限公司、奥特斯（中国）有限公司、昆山苏杭电路板有限公司、健鼎（无锡）电子有限公司、天津普林电路股份有限公司、昆山千灯华兴线路板厂、江苏华神电子有限公司。

2011-022
项目名称

重金属废水治理技术

技术依托单位

南京南大表面和界面化学工程技术研究中心有限责任公司

推荐部门

江苏省环境保护产业协会

适用范围

重金属行业（如电镀行业、电子行业、钢铁行业及太阳能行业）。

主要技术内容

一、基本原理

采用离子交换法，膜处理法，氧化还原法及化学处理法和自动控制技术来综合处理重金属废水。

具体工艺流程。（略）

二、技术关键

1. 工艺中采用自主研发的无机型离子交换树脂，该树脂有很强的吸附功能，在重金属的回收、回用、浓缩等工艺上具有很好效果。

2. 工艺集离子交换法、膜处理法等先进的处理方法于一体，使重金属废水中重金属离子和废水得以回用。

3. 工艺系统采用了 DCS 集散控制技术，实现废水处理的自动化和过程控制的信息化，使系统能长期稳定运行。

典型规模

560 t/d 混合电镀废水的治理。

主要技术指标及条件

一、技术指标

各项指标达到《电镀污染物排放标准》（GB 21900—2008）有关要求。

二、条件要求

按铜镍混合废水、含铬废水、含氰废水分支治理。

主要设备及运行管理

一、主要设备

离子交换设备，膜处理设备，在线监测系统，自动控制系统。

二、运行管理

严格按照《规范化运营质量保证体系管理制度》及质量管理体系的要求来运行。

投资效益分析（使用者）

一、投资情况

总投资：960 万元。其中，设备投资：560 万元。

主体设备寿命：6～8 年。

运行费用：197 万元/年。

二、经济效益分析

采用新工艺前，老工艺的废水处理成本平均是 25 元/t，采用新工艺后平均成本控制在 18 元/t。

三、环境效益分析

采用新工艺后有效保证外排水稳定达标排放，每年铜、镍、氰、六价铬的削减量分别达到 87 957.98 t/a，16 791.6 t/a，21 831.6 t/a，8 383.2 t/a。COD 的排放量削减率达到了 75%。其中有 75%以上的废水可以回收利用。

技术成果鉴定与鉴定意见

一、组织鉴定单位

江苏省经贸委。

二、鉴定时间

2009 年 5 月 21 日。

三、鉴定意见

系统采用高级氧化技术、特种膜技术处理电镀综合废水，实现了电镀废水的达标排放和重金属回收利用，废水回用率达到 75%以上。总体技术水平达到国内领先。

推广情况及用户意见

一、推广情况

目前新工艺已在多家企业推广应用。

二、用户意见

新工艺设备运行稳定，水质稳定达标排放，运行成本较旧工艺设备低，自动化程度高，操作员工的劳动强度大大降低，回用水质可用于生产工艺用水，新工艺的连续稳定运行，得到当地环保部门的一致好评，同时为提高公司的知名度带来了一定的社会效益。

获奖情况

2008 年获得江苏省科技厅的科技支撑计划项目奖励。

技术服务与联系方式

一、技术服务方式

承包运营。

二、联系方式

联系单位：南京南大表面和界面化学工程技术研究中心有限责任公司

联 系 人：卢保兵

地　　址：南京市中央路 19 号金峰大厦 28 楼

邮政编码：210009

电　　话：025-66912882

传　　真：025-86623819

E-mail & URL: tinatang446@sohu.com

主要用户名录

义乌市森美化工原料有限公司五金电镀厂、吉林石化公司精细化学品厂。

2011-023

项目名称

镀镍废水资源化技术与设备

技术依托单位

上海轻工业研究所有限公司

推荐部门

上海市科学技术委员会

适用范围

电镀行业。

主要技术内容

一、基本原理

采用离子交换技术，应用高选择性的离子交换树脂吸附废水的金属镍；采用先进的在线检测技术监测离子交换树脂的饱和度，保证离子交换树脂的有效利用率；应用 PLC 控制的自动化树脂再生系统保证金属镍回收液具有较高的浓度。工艺流程：漂洗槽 1 的废水用水泵送入回收装置，废水经过回收设备后镍离子被吸收，除去镍的水可以返回到漂洗槽 2 回用或者返回其他工序回用或者直接排放；镀镍废水回收设备吸附饱和后由本所收回，并换上备用吸附镍的载体，连续运行。装有吸附饱和的离子交换树脂的载体运回资源化中心进行集中处理，经提取、浓缩、净化后返回电镀槽回用，或精炼为成品后出售。

二、技术关键

采用离子交换技术，应用高选择性的离子交换树脂吸附废水的金属镍；采用先进的在线检测技术监测离子交换树脂的饱和度，保证离子交换树脂的有效利用率；应用 PLC 控制的自动化树脂再生系统保证金属镍回收液具有较高的浓度；再生后的洗脱液经过精制为镍盐产品，可以作为原料继续回用于电镀企业。

典型规模

设备采用模块化设计，可根据客户需要灵活配置。设备的最小单元的处理能力为 1.5 t/h。

主要技术指标及条件

节水率达到 70%左右，排放水的镍离子浓度降低 90%。

主要设备及运行管理

一、主要设备

镀镍废水回收设备、回收废液提纯浓缩设备、自动化树脂再生设备、远程监控系统、镀镍废水资源化信息网络。

二、运行管理

设备的运行管理可通过远程监控系统，根据设备的运行数据确定维护和载体跟换的时间，安排物流运至资源化中心进行再生处理。

技术成果鉴定与鉴定意见

一、组织鉴定单位

上海市科学技术委员会。

二、鉴定时间

2006 年 6 月。

三、鉴定意见

在镀镍废水资源回收设备中，选用高选择性的离子交换树脂，首次应用在线检测技术判断树脂饱和点，使金属的回收率和树脂的利用率达到 90%以上，水的回用率达 60%以上。该项目具有显著的社会效益和经济效益，实现了金属资源的回收再利用，明显降低对环境的污染，并节约了水资源。

推广情况及用户意见

一、推广情况

该技术已在上海市各区及周边地区 280 多家电镀企业安装了近 500 多套镀镍废水回收设备，每年约可节约 250 万 m^3 水，用水、排水和废水处理成本可降低约 2 500 万元。在通过回收利用创造价值的同时，每年可减少 100 多 t 金属镍排入环境。

二、用户意见

含镍漂洗水通过水泵送入回收设备，废水经处理后镍离子被去除，净化的水返回漂洗槽回用。用水量从原来的 60 L/min 减少到 20 L/min，回用率约 70%，每年节水 2 万多 t，废水处理量和污泥处置量相应减少，废水达标率提高，对于企业和环境都带来效益。

获奖情况

科技部创新基金项目、国家火炬计划项目、上海市清洁生产项目。

联系方式

    联系单位：上海轻工业研究所有限公司

    联 系 人：王维平

    地　　址：上海市宝庆路 20 号

    邮政编码：200031

    电　　话：021-64372070

    传　　真：021-64331671

    E-mail：info@sliri.com.cn

    网　　址：www.sliri.com.cn

主要用户名录

丰田合成（张家港）塑料制品有限公司、嘉兴敏实集团、安徽万寿机械厂、上海造币厂、日月光半导体（上海）有限公司。

2011-024
项目名称

垃圾填埋场渗滤液调节池厌氧浮盖应用技术

技术依托单位

北京高能时代环境技术股份有限公司

适用范围

各类垃圾填埋场渗滤液调节池、可生物降解的有机废水、废液的厌氧降解和高效处理及液体化学品储存池密封。

主要技术内容

一、基本原理

浮盖通过防止空气侵入池内能强化厌氧消化系统。对预期有气体产生的应用，气体收集系统就能被安装在浮盖的下方，那么气体就可以被收集供再循环、处理或处置。气体也可以在现场供发电或发热之用。对于闭环化学工艺流程或液态化学品存储，比起钢制或混凝土贮存容器，浮盖是一种更具成本效益的选择。除了阻隔空气与雨水外，浮盖也能防止外部介质进入池内及污染贮存的液体，并防止人或动物被所贮存的液体毒害或跌入贮存设施而污染液体。

二、技术关键

密封性、耐久性、漂浮承重、自稳定性能。

主要技术指标及条件

1. 浮盖的密闭性及保温作用可有效保持渗滤液厌氧反应温度，促进了渗滤液的厌氧降解。

2. 浮盖的气体收集系统可进行调节，均衡气体收集量。

投资效益分析（使用者）

一、投资情况

总投资：150 万元。其中，设备投资 100 万元。

运行费用：20 万元/年。

二、经济效益分析

1. 臭气扩散被极大地限制，悬浮物减少，降低了后续处理负荷，提高了废水可生化性，节省了处理费用。

2. 厌氧产生的沼气经提起导排系统并入填埋场全场的发电发热系统，所产气体量至少可供本场的能源消耗，节约了能源成本。

技术服务与联系方式

一、技术服务方式

设备提供及工程实施。

二、联系方式

联系单位：北京高能时代环境技术股份有限公司

联　系　人：曹天玉

地　　　址：北京市海淀区知春路 56 号中航科技大厦 5 楼

邮政编码：100098

电　　话：010-88233108

传　　真：010-88233108

E-mail & URL：gnlining@ gnlining.com

2011-025

项目名称

垃圾填埋场渗滤液深度处理技术

技术依托单位

北京伊普国际水务有限公司

推荐部门

北京市环境保护产业协会

适用范围

垃圾渗滤液处理。

主要技术内容

一、基本原理

垃圾渗滤液中的有机物可归纳为 3 类：低分子量的脂肪酸类、高分子的腐殖质类和中等分子量的灰黄酸类物质。对于不稳定的填埋过程而言，大约 90% 的可溶性有机物是短链的可挥发性的脂肪酸，其中以乙酸、丙酸和丁酸为主要成分，其次是带有较多个羧基和芳香族烃基的灰黄霉酸；对于相对稳定的填埋过程而言，挥发性脂肪酸（易生物降解）随垃圾的填埋时间延长而减少，而灰黄霉酸物质（难生物降解）的比例则增加。这种有机组分的分布变化，导致渗滤液 BOD_5/COD 值下降，可生化性下降。生化法虽然能够去除部分 COD 浓度，但直链长烷烃和更高沸点有机物不完全氧化的中间产物很难通过生化法继续去除。水溶性腐殖质（AHS）具有与黄霉酸相同的溶解特性，其既难以被微生物所降解，也不能被微滤膜所截留，是垃圾渗滤液处理的难点所在。

该技术针对不同的污染物要求，采用生化法与膜技术结合，优化生化设计，加强深度处理力度，包括针对不同的有机污染物及不同分子量进行分类处理，对氨氮等污染物进行强化生化处理。该技术基于对垃圾渗滤液的成分进行分类处置的原理，通过微生物的逐步培养和驯化，使经过厌氧和好氧处理阶段的可生物降解有机物和氨氮得到有效去除，剩余部分不能生物降解的大分子物质则通过膜技术进行有效过滤，从而保证出水能够稳定达到排放标准。

二、技术关键

1. 生化法和 MBR＋NF（RO）组合综合处理垃圾渗滤液的工艺是低成本和高稳定性的有效结合，但仍然需要采用厌氧-好氧结合等手段强化生化阶段的预处理效果，同时增加混凝沉淀、微过滤等手段以减轻膜的污染物负荷。

2. 选用容量较大的调节池以调节垃圾渗滤液的水质和水量的较大波动，同时可以加盖（铺膜），把调节池变为一个厌氧反应池，以减小垃圾渗滤液的 COD 浓度。

3. UASB 对高有机物浓度的垃圾渗滤液的降解具有较大作用，不仅可以使难生化降解或难好氧降解的有机物得以分解，而且可以产气，使能量得到回收再利用。

4. A/O 池作为脱氮的生化池具有明显效果，且运行简单，维护方便，氨氮浓度可以直接降到一级标准以下，实用性很强。

5. MBR 池为浸没式超滤膜，具有 MBR 独特的除氨氮效果，而且作为膜深度处理的前处理阶段，必不可缺。

投资效益分析

1. 工程投资费用低，设备损耗低，操作难度低，事故风险低。项目以生化技术代替高投入的物化脱氨氮法，大大减少了装置和设备费用，取而代之以费用较低的土建工程。

2. 运行费用低，出水稳定，严格达标。在几项单元创新和结构创新的支持下，可以使垃圾渗滤液的吨水运行费用降低到 15～20 元，低于目前国内的平均运行费用。

技术服务与联系方式

　　联 系 人：莫耀华

　　地　　址：北京市通州区马驹桥环宇路 3 号

　　邮政编码：101102

　　电　　话：010-60504456

　　传　　真：010-60505525

　　E-mail & URL：gxmdy@139.com

主要用户名录

　　上海青浦区生活垃圾综合处理场、亳州徽清垃圾处理场。

2011-026

项目名称

多功能农村湿地治理生活污水技术

技术依托单位

　　广西鸿生源环保科技有限公司

推荐部门

　　广西壮族自治区环保技术协会

适用范围

　　城乡污水治理。

主要技术内容

　　一、基本原理

　　多功能农村湿地治理生活污水技术的原理工艺由 5 个系统组成：

　　（1）沉淀过滤格栅池：主要是粗过滤去掉部分悬浮物。

　　（2）厌氧池：主要功能是灭杀原病菌，将有机物小分子化，COD 去除率控制 20%左右，控制甲烷产生，因一个甲烷分子是二氧化碳 21 倍的温室气体排放量。

　　（3）生态保温棚：厌氧池出水后进入生态保温棚，利用无土栽培技术种植，水生观赏植物。因水质经过厌氧处理后，氨氮不能大量下降，用于种植水生观赏植物不用在添加营养成分就可满足作物所需的养分，同时通过植物吸收后可去除氨氮起到过滤进一步净化水质的作用，同时保证作物季节化影响。

　　（4）浮游生物池：加入有益菌，有机物通过光合细菌的作用转化为浮游生物、植物。通过投放鱼类，鱼类以浮游生物、植物为食物来源构成一个完整的食物链。一般的人工湿地植物气温在 10℃便失去代谢作用，而浮游生物池在气温 5℃以下还能继续工作。使之形成一个良性的生态系统，保障出水达标排放。

（5）人工湿地系统介质层填料系统：针对目前湿地设施运行一段时间容易堵塞，清理困难问题，我们采用平流沉淀技术，保证系统在具有消除污染功能基础上，使湿地设施无堵塞。同时也起到良好过滤作用。

二、技术关键

（1）项目采用生态保温棚保温后用于水生观赏植物的无土栽培，避免季节变化对花卉造成冬季霜冻、夏季雨涝的现象，同时水生植物通过吸收氨氮作为养分，可达到去除氨氮和过滤的作用，保证项目的正常运作。

（2）浮游生物池中加入有益菌，有机物通过光合细菌的作用转化为浮游生物、植物。通过投放鱼类，鱼类以浮游生物、植物为食物来源，可构成一个完整的食物链，形成一个封闭型的生态系统，不受季节的影响从而保证出水水质的稳定。

技术服务与联系方式

一、技术服务方式

项目设计施工。

二、联系方式

联系单位：广西鸿生源环保科技有限公司

联 系 人：熊明灯

地　　址：南宁市青秀区青山路 6 号东方园小区 8 栋 7 层 709 号

邮政编码：530022

电　　话：0771-5672482

传　　真：0771-5315989

E-mail & URL：gxhsy@vip.sina.com

2011-027
项目名称

分散式农村生活污水一体化处理装置

技术依托单位

无锡市格润环保钢业有限公司

无锡市格润环保设备机械厂

推荐部门

江苏省环境保护产业协会

适用范围

装置主要适用于不具备接管条件的分散住宅、农村居住点等。

主要技术内容

一、基本原理

装置是采用 A^2/O 工艺的污水专用处理设备。该装置主要由厌氧水解池、缺氧池、好氧池、二沉池和物化沉淀池组成生活污水一体化处理装置。在调节池废水由潜污泵提升进入 A^2/O 处理系统后，经厌氧、缺氧、好氧生物处理去除废水中大部分有机物，并通过混合液回流及污泥回流来达到脱氮除磷的效果，好氧出水进入二沉池，进行泥水分离，污泥回流至好氧段，二沉池出水经物化沉淀去除水中 SS。

二、技术关键

整个污水处理工艺综合在一个箱体（工厂预制）内完成，简化了工艺流程和构筑物，投资少、上马快；设备可埋入地表以下，地表可用为绿化，从而减少占地面积；工艺采用调节—A^2/O—二沉—物沉，并且不需加药，所以无二次污染。

典型规模

40 t/d。

主要技术指标及条件

一、技术指标

出水达到《污水综合排放标准》中的第二类污染物最高允许排放浓度一级标准。

二、条件要求

该套装置埋在地表以下，基础标高必须小于或等于设备标高并保证下雨不积水，基础一般为混凝土。

主要设备及运行管理

一、主要设备

微动力处理装置、曝气器、人工格栅、污泥、混合液回流系统、污水提升泵、供气机房。

二、运行管理

及时清理池面的漂浮物和悬浮物、每周观察厌氧池填料挂膜情况、控制好氧池污水溶解氧在 2.0 mg/L。

投资效益分析（使用者）

一、投资情况

总投资：应用规模为 40 t/d，总投资为 31.5 万元，其中，设备投资 23 万元。

主体设备寿命：15 年。

运行费用：0.36 万元/年。

二、经济效益分析

该装置主体设备寿命可达 15 年。同时，与其他污水处理装置相比占地面积少，有利于污水收集管线的布置，从而大大节约了用地；整个动力运行成本很低，运行功率在 1 kW 以内，处理每吨污水平均电费 0.5 元；系统处理的水经过消毒净化完全可以达到回用的标准，节约了水资源，从多方面进一步减少了建设单位的投资费用。

三、环境效益分析

整个处理装置可以进行地埋，上部绿化，大大改善环境；由于进行污泥回流，污泥在厌氧池中得到消化降解，所以系统运行稳定并且不需要排泥；处理过程中不需加药，减少二次污染，进而达到环保运行的目的。

推广情况及用户意见

一、推广情况

该装置已经在无锡市惠山区钱桥街道盛峰村盛北自然村有动力生活污水处理、无锡市钱桥街道洋溪村薛巷自然村生活污水处理、无锡市锡澄运河堰桥镇姑里村朱中巷生活污水处理等多个废水处理工程中取得成功的应用，并通过环保部门检测验收。

二、用户意见

该技术实用性强，运行成本低，设备性能优越，管理简单方便，出水达到国家一级排放标准。

技术服务与联系方式

一、技术服务方式

项目设计及施工。

二、联系方式

联系单位：无锡市格润环保钢业有限公司

联 系 人：尤玉清

地 　　址：无锡市滨湖区钱姚路 88 号-A1

邮政编码：214151

电 　话：0510-83018398

传 　真：0510-83018399

E-mail & URL：Lily.js.181@163.com

2011-028
项目名称

人工强化滤床污水处理技术

技术依托单位

辽宁北方环境保护有限公司、辽宁省环境科学研究院

推荐部门

辽宁省环境保护产业协会

适用范围

中小城镇污水处理、污染河流水质改善。

主要技术内容

一、基本原理

人工强化生态滤床是在平流式滤床与人工湿地基础上发展起来的新型污水处理技术。其处理原理为，污水首先通过粗格栅和细格栅以去除水中较大的悬浮物。之后根据处理水质为生活污水和地表径流的不同，污水分别进入旋流沉沙-沉淀池或净化湖，进一步去除水中的 SS。这一步极其重要，要求能够去除水中大部分 SS，以防止滤床堵塞。之后污水进入人工强化滤床主体，依靠滤床系统去除水中的 COD、氮、磷。

人工强化生态滤床与潜流湿地的最大区别是滤床底部增加了曝气系统。普通潜流湿地内部以缺氧环境为主，硝化作用不明显，去除效率较低。而人工强化生态滤床内部以耗氧环境为主，硝化作用明显，COD 和氨氮去除效率高，滤床水力负荷和污染负荷都明显高于潜流湿地。另外，人工强化生态滤床的曝气系统可以实现气水联合反冲洗，有效防止滤床堵塞，保障滤床长期高效稳定运行。

人工强化生态滤床对污染物的净化主要由基质、植物和微生物的共同作用来完成。其中，基质的主要贡献是对污水中磷的去除。常用的湿地基质主要有沙子、石灰石、沸石等。人工强化生态滤床中氮的去除主要依靠微生物的硝化/反硝化作用来完成。

二、技术关键

1．强化溶氧技术

由于处理系统规模较大，如果不对其曝气系统进行优化设计，造成的能耗浪费将会十分巨大。所以，在保证处理效果的条件下，将人工曝气和自然植物复氧技术结合，进行优化，增加水中的溶解氧同时减少曝气能耗。

2．滤床滤料堆叠技术

人工强化生态滤床，是利用滤料的机械过滤作用和滤料表面的微生物对污染物的吸附去除作用，达到净化水体的目的。通过筛选填料的类型和粒径、不同种类和粒径填料的搭配、确定合理的填料厚度和堆叠方式，实现净化水质的目的，同时降低整体投资和运行管理费用。

3．滤料长期高效稳定运行技术

滤料堵塞增加运行费用和影响处理效果的重要原因。根据当地的水质水力条件，确定合适滤料和堆叠布置方式及曝气强度，抑制滤料的堵塞，实现长期稳定高效运行。

4．水生植物复氧和水体净化功能强化

水生植物在夏季能够明显地辅助人工曝气系统给河流及生物滤床系统复氧。同时水生植物的根系可以附着微生物，形成小规模的水处理生态系统，所以通过适宜当地气候特征的抗寒易繁殖水生植物栽种，可以在强化处理效果的同时兼顾水体的观赏功能。

典型规模

污水处理能力：30 000 m³/d。

主要技术指标及条件

一、技术指标

1．水力负荷 0.2～4.8 m/d；

2．COD 负荷 0.06～0.2 kg/（m³·d）；

3．气水比为（0～5）∶1；

4．处理城镇生活污水 COD 去除率在 80%左右，氨氮去除率在 70%左右。

二、条件要求

有充足、低价的土地资源。

主要设备及运行管理

一、主要设备

项目主要设备为人工强化生态滤床预处理设备，人工强化生态滤床主体设备。污水首先经过预处理去除部分污染物和大部分 SS，降低污水中 SS 的浓度，防止滤床堵塞，然后进入人工强化生态滤床系统，依靠物理、生物净化原理处理污水。

二、运行管理

项目采用半自动设计，运行维护方便，整个工程运行维护人员控制在 20 人以下。在运行过程中除了需要进行日常的巡视外，每年定期检修。

投资效益分析（以黑山县污水处理厂为例，30 000 m³/d）

一、投资情况

总投资：3 709 万元。其中，设备投资 1 717 万元。

主体设备寿命：20 年。

项目运行费用：331 万元/年。

二、经济效益分析

每年污水处理厂通过收取排污费，直接净效益合计 328 万元。投资回收期 10.46 年。项目实施后，可构建生态公园。

三、环境效益分析

日处理生活污水 3 万 t，削减 COD_{Cr} 3 175 t/a，削减 $NH_3\text{-}N$ 312 t/a。

推广情况及用户意见

一、推广情况

目前已在锦州市黑山县 30 000 m³/d 污水处理工程、条子河、招苏台河水质改善工程中应用。

二、用户意见

人工强化生态滤床污水处理技术，投资较低、运行维护费用低、无二次污染、有较好的环境效益和经济效益。

获奖情况

2010 年获辽宁省科学技术进步二等奖。

技术服务与联系方式

一、技术服务方式

工程总承包、工程设计、工程咨询、技术转让。

二、联系方式

联系单位：辽宁北方环境保护有限公司

联 系 人：王艳青

地　　址：沈阳市皇姑区泰山路 88 巷 3 号

邮政编码：110031

电　　话：024-86132638

传　　真：024-86132642

E-mail & URL：aben_001@126.com

联系单位：辽宁省环境科学研究院

联　系　人：郎咸明

地　　址：沈阳市皇姑区泰山路 88 巷 3 号

邮政编码：110031

电　　话：024-86132405

传　　真：024-86132405

E-mail & URL：hb-L001@163.com

2011-029
项目名称

埋地式微动力污水处理装置

技术依托单位

大庆远大环保设备有限公司

推荐部门

黑龙江省环境保护产业协会

适用范围

城市污水管网不能覆盖的地方污水处理。

主要技术内容

一、基本原理

埋地式微动力污水处理装置由格栅池、调节隔油池、厌氧反应池、好氧反应池、沉淀池等组成。污水经排水管道进入格栅池。污水中较大悬浮颗粒在此被截留，定期转动机械细格栅清除。出水进入调节隔油池，将进水水质水量充分混合调节，使进入污水处理装置的水质水量基本稳定，减小水质水量的冲击负荷。然后进入厌氧反应池中，在厌氧反应池中进行水解酸化处理，甲烷化反应和铁炭还原反应，对水中有机物进行厌氧分解，将有机大分子分解为易降解的有机小分子；在好氧反应池中进行氧化还原处理，在沉淀池中进行泥水分离及消毒处理，使出水达到排放标准。

二、技术关键

（1）设备埋入地下，基本不占地表面积，无需盖房、保温等。

（2）运行成本极低。充分利用污水的势能，污水大部分采用自流，装置运行时只有风机消耗少量电能。

（3）装置使用寿命长。填料 5 年一清洗，20 年一更换；构筑物设计寿命为 50 年。

（4）装置运行稳定，维护简单。采用新型滤料和合理的导流系统，快速挂膜，滤料不堵塞，无需更换、反冲和再生。

典型规模

根据需要，有 50 m³/d、100 m³/d、200 m³/d、500 m³/d、1 000 m³/d、2 000 m³/d。

主要技术指标及条件

一、技术指标

水温维持在 15～25℃，主要污染物去除率达到 90%以上。

二、条件要求

考虑到北方冬季寒冷，土壤上冻的特点，埋地式微动力污水处理装置全部埋于冻土层以下，地面以上仅留检查孔，方便检查维修。

环境效益分析

达到《城镇污水处理厂污染物排放标准》（GB 18918—2002）一级标准。

技术服务与联系方式

一、技术服务方式

项目设计及施工。

二、联系方式

联系方式：大庆远大环保设备有限公司

联 系 人：于如龙

地　　址：黑龙江省大庆市龙凤区卧里屯火炬路 3 号

邮政编码：163714

电　　话：0459-6768252

传　　真：0459-6768252

E-mail：daqingyuanda@126.com

主要用户名录

大庆天泰生化开发有限公司、大庆市春雷农场、肇东市人民医院、大庆市绿叶乳品有限公司、大庆市圣龙化工有限公司、肇东市第一医院、中国华油集团公司大庆分公司等。

分散型污水处理装置

技术依托单位

　　江苏金山环保工程集团有限公司

推荐部门

　　中国环境保护产业协会水污染治理委员会

适用范围

　　未建成污水收集管网系统的小城镇、农村地区及旅游风景区的污水处理。

主要技术内容

　　一、基本原理

　　项目采用 "一体化双沉淀区立体循环氧化沟设备及其操作方法" 和 "推流组合式生物反应器废气处理设备"，整合了立体循环一体化氧化沟技术、固液分离技术、剩余污泥减量技术和复合生物除臭技术，形成了带有臭气处理的立体循环一体化分散居民生活污水组合处理技术。

　　二、技术关键

　　项目采用立体循环氧化沟方式，改变了传统氧化沟平面循环的方式，同时沉淀区与反应区合建，占地面积可减少 50%以上，独特的混合液循环流动方式形成一体化氧化沟，能耗可降低 20%，投资与运行成本仅为其他分散居民生活污水处理工艺的 70%～80%。

典型规模

　　宜兴市漕东村生活污水处理站。

主要技术指标及条件

　　一、技术指标

　　出水水质稳定，达到《城镇污水处理厂污染物排放标准》（GB 18918—2002）中一级 B 标准，通过浸没式平片膜生物反应器出水水质达到《生活杂用水水质标准》（CJ/T 48—1999）。

　　二、条件要求

　　控制装置最佳转速 60 r/min，使溶氧量维持在 2～4 mg/L，污泥浓度控制在 3 000～4 000 mg/L，水力停留时间控制在 10～12 h，污泥负荷≤0.25。

主要设备及运行管理

　　一、主要设备

　　立体循环一体化氧化沟设备、浸没式平片膜生物反应器一体化装置。

　　二、运行管理

　　由于设备自动化控制程度高，因此只需 1 人负责日常的操作运行管理，并定期有售后服务人员到现场进行维护。

投资效益分析（使用者）

一、投资情况

总投资：50 万元。其中，设备投资：24 万元。

主体设备寿命：使用寿命在 10 年以上。

二、经济效益分析

装置运行能耗、人员工资及设备管道维护全年为 4 万元，综合经济效益为 13 万元，投资成本回收期为 5.4 年。

技术成果鉴定与鉴定意见

一、组织鉴定单位

中国环境保护产业协会水污染治理委员会。

二、鉴定时间

2009 年 10 月 23 日。

三、鉴定意见

"分散型污水处理装置"通过立体循环一体化氧化沟和浸没式平板膜-生物反应器等技术创新，实现了整体设备结构紧凑、废水与臭气同步一体化处理，具有操作简便、占地少、能耗低等特点。该技术已在实际工程中稳定运行 1 年以上，达到《城镇污水处理排放标准》（GB 18918—2002）一级 B 标准或一级 A 标准，具有显著的环境、经济和社会效益。该技术装置性能可靠，自动控制水平高，运行稳定，适合新农村建设中村镇的中小型污水处理，技术实用先进，达到国内领先水平。

推广情况及用户意见

一、推广情况

已在多家村镇污水处理站应用

二、用户意见

污水处理各项指标均达到国家一级 B 标准，项目施工质量合格，设备运行稳定，自动化控制程度高，运行费用低，维修方便，安全性能高，且售后服务好。

获奖情况

2009 年被江苏省科技厅认定为高新技术产品。

技术服务与联系方式

一、技术服务方式

公司采用现场操作指导和用户培训的方式为用户服务。用户在使用中遇到问题，在采用电话或电子邮件无法解决的，相关技术服务人员将及时到现场为用户解决问题。

二、联系方式

联系单位：江苏金山环保工程集团有限公司

联 系 人：徐雪霞

地　　　址：江苏省宜兴市万石镇工业园区

邮政编码：214212

电　　　话：0510-87848888

传　　真：0510-87848999

E-mail & URL：jshb8999@163.com

主要用户名录

宜兴市万石镇漕东村生活污水处理站、宜兴市万石镇后洪村生活污水处理站、黑龙江省讷河市双灯村生活污水处理站。

2011-031

项目名称

JYH 餐饮含油污水处理装置

技术依托单位

武汉嘉源华环保科技发展有限公司

推荐部门

武汉市环境保护产业协会

适用范围

餐饮含油污水处理。

主要技术内容

一、基本原理

餐馆、快餐店、食堂、宾馆、酒店、饮食店等餐饮含油污水进入调节池后，因油水密度不同，而在隔离槽中上下分离，使较大颗粒沉入池底。星散油脂和悬浮物漂于表面层，经过三层隔离、斜板过滤后，含油污水从处理箱底部浸入箱体。箱内若干个清洁球将进入箱体内的悬浮物吸入囊中。同时无机高分子化合物产生的络合离子也将微小粒子进行黏附，使之沉淀。沉淀后的水通过渗透孔进入滤芯层后，与生长在生化层内的微生物产生接触，微生物将水中含着的有机物进行分解吸附，经过处理后的水再由数千个呈 45°的微小细孔中渗出，汇入出口管道排除。出水水质不但能达到《污水综合排放标准》，而且对总悬浮颗粒（TSS）和化学需氧量（COD）等有害物质都能进行有效处理。

二、技术关键

重力分离法、过滤法、沉淀法、生化法、水体力学的综合运用。

投资效益分析

一、投资情况

该项目总体投资 1 700 万元，其中设备投资 830 万元，设备主体寿命为 10 年，运行费用为每年 769.3 万元。

二、环境效益分析

该项目将餐馆的潲水经过发酵、分解、消毒等处理后，转化成生物有机饲料；将含油污水转变为生物柴油，能有效解决餐饮垃圾带来的环境污染问题。

推广情况

推广项目至今，省内外共计安装 JYH 餐饮含油污水处理装置 820 余台。

联系方式

联系单位：武汉嘉源华环保科技发展有限公司

联 系 人：陈红

地　　址：湖北省武汉市武昌区保望堤 53 号

邮政编码：430060

电话/传真：027-88235206

E-mail：jyhkjgs@163.com

2011-032
项目名称

固定化酶污水处理技术

技术依托单位

福州晨翔环保工程有限公司

推荐部门

福建省环境保护产业协会

适用范围

适用于制药、食品、屠宰、养殖、高氨氮废水治理工程。

主要技术内容

一、基本原理

该技术以生物酶催化技术为核心，依据基因改性工程学、生物反应动力学理论，通过应用系统方法，运用高效复合酶固定化、高分子材料合成等技术，采用不同于普通微生物的系列生物酶结合技术，将多种生物酶进行复合，把酶分子植入非亲水性的骨架中，构建稳定、有序，且催化降解高效表达的反应平台。该技术通过生物酶催化原理，对污染物质中更复杂的化学链进行开环断链，酶分子可以使反应物分子中化学键拉长、扭曲和变形，使它们更容易被水解，在短时间内迅速对有机物进行催化氧化降解为小分子，从高分子有机物降解为低分子有机物或 CO_2、H_2O 等无机物；不但提高了污水的可生化性，而且可促进土著有效菌、优势菌的生长，具有快速高效去除 COD、氨氮、脱色、除臭等作用，同时还可提高自然水体的自净功能，从而达到去除污染物的目的。

二、技术关键

原料的选择、酶的定向富集、固定化酶形态、酶的固定化方法、酶反应器选择、酶的抗污染、酶使用周期、处理系统的工艺优化、载体的利用与再生、固定化酶填料与酶反应器类型的选择。

典型规模

3 500 t/d 屠宰废水深度处理工程。

主要技术指标及条件

一、技术指标

1. 出水达到《污水综合排放标准》（GB 8978—1996）一级排放标准，$COD_{Cr} \leqslant 100$ mg/L、$BOD_5 \leqslant 30$ mg/L、氨氮 $\leqslant 15$ mg/L，$SS \leqslant 70$ mg/L。

2. 酶的配伍之间的关系，对复杂废水的作用，每立方米固定化酶层柱或者颗粒材料与底物反应时间 1～3 h 完成，比传统生物处理方法提高 3～5 倍效果。

3. 固定化材料的最佳经济成本，材料的再生使用率达 90%。

4. 固定化酶的半衰期达 180～360 d，固定化酶组合材料的有效作用时间达 360 d。

5. 经反应器一级处理的出水指标，BOD 去除率 90%，COD 去除率可达 88%，色度去除率达 98%，氨氮去除率达 95%。

二、条件要求

pH：4.0～10，最佳 4.5～8；温度：10～55℃，最佳 25～40℃。

主要设备及运行管理

一、主要设备

固定化酶、污水泵、鼓风机、污泥压滤机、二氧化氯发生器。

二、运行管理

操作方便，无须专人操作管理，可实现连续性、自动化的废水处理。

投资效益分析

一、投资情况

总投资：765.4 万元。其中，设备投资：450 万元。

主体设备寿命：固定化酶有效使用寿命为 1 年。

运行费用：37.8 万元/年。

二、经济效益分析

年节省水费 63 万元、电费 35.6 万元、药剂费 51.4 万元，一年共节省 150 万元，5.1年即可收回投资。

三、环境效益分析

达到国家水污染物排放标准，并实现节能减排效果，COD_{Cr} 年削减量为 2 331 t，氨氮年削减量为 72.4 t，有效控制环境污染。促进企业可持续发展，提高生产规模，直接增加经济利润。

技术成果鉴定与鉴定意见

一、组织鉴定单位

福建省环境保护产业协会。

二、鉴定时间

2008 年 8 月 28 日。

三、鉴定意见

实现了固定化酶在污水处理方面的工程应用，技术成果经环保典型工程案例的验证，具有良好的处理效果；具有交叉学科集成创新的特点。成果居国内同类研究的领先水平。

推广情况及用户意见

一、推广情况

固定化酶污水处理技术在环保领域高浓度工业废水、难降解工业废水、高氨氮工业废水、城市污水处理工程及中水回用工程已得到应用。

二、用户意见

采用固体化酶污水处理技术，减少环保处理设施一次投资成本，并且运行成本降低，处理效果好，运行正常，实现达标排放，污染物年削减量逐年增加，减少排污收费，达到节能减排效果。使企业生产规模加大，直接提高经济效益。

获奖情况

2010 年福州市科学技术进步奖。

技术服务与联系方式

一、技术服务方式

集水污染防治工程设计、施工、调试和技术与产品输出为一体化的服务。

二、联系方式

联系单位：福州晨翔环保工程有限公司

联 系 人：齐爱玖、孙祥章

地　　　址：福建省福州市工业路 611 号高新技术创业园主楼

邮政编码：350002

电　　话：0591-83783115

传　　真：0591-83730753

E-mail & URL：fzcxhb@126.com/www.fjcxhb.com

主要用户名录

商丘缘源食品有限公司屠宰废水深度处理工程、商丘洪海食品加工厂屠宰废水深度处理工程、泉港城市污水处理厂滞留污水处理工程、宁德伟业生物有限公司高氨氮有机废水处理工程。

2011-033
项目名称

高位池封闭循环生态养殖技术

技术依托单位

海南省环境科学研究院

推荐部门

海南省环境科学学会

适用范围

热带、亚热带高位池或低位池水产养殖。

主要技术内容

一、基本原理

该技术基于水力学聚污和自然光化学催化氧化原理，通过水力学聚污和动力学引污强化养殖池水体充分混合，以改善底层水体环境；利用浅层沉淀原理析出水中悬浮有机物；利用薄水层自然光化学催化氧化原理脱氮解毒和补氧抑藻抑菌，最终达到光化学产氧、大气自然复氧和强化上下水层氧传递并抑藻抑菌的目的，而净化水回流至养殖池重复利用，沉淀槽养殖污泥自然脱水干化后可被回收利用。

二、技术关键

该技术的关键在于养殖池塘与封闭循环净水设施同体设计，包括养殖池塘中央聚污系统、光化浅层自然沉淀水槽和光化薄层水流。运行时利用光化浅层自然沉淀水槽分离养殖废水中的悬浮有机物之后在池塘坝的内斜坡上形成薄层水流，通过太阳光化学催化氧化辐射脱氮解毒、抑菌抑藻。

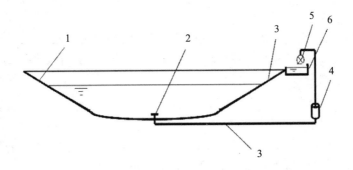

1. 光化斜面；2. 中央排污管；3. 中央底部设置的集污管装置；

4. 水泵；5. 布水装置；6. 浅层沉淀水槽

主要技术指标及条件

一、技术指标

1. 短程平流沉淀槽：一般宽 2 m、深 0.5 m，沉淀槽长度按 10 m/亩水面配置。

2. 配置低扬程大流量节能型混流泵，出水量按 1 m³/（h·m）槽长选型。

3. 光化斜面的坡度为 45°左右，宽度（即其上液体的流程）为 1.5 m 以上。

4. 沉淀槽中的污泥 7～10 d 清理一次。

二、条件要求

该技术可广泛适用于沿海高位池、低位池和内陆养殖池塘生态改造，满足鱼、虾等多种水产养殖要求，系统操作简便易行，普通劳动者均可掌握。对传统高位池进行改造时，需要池塘边有 2.5～3 m 的空间用于建设短程沉淀水槽。

主要设备及运行管理

一、主要设备

以太阳光化修复为特征的高位池清洁闭环生态养殖系统由池塘中央排污系统、光化浅层自然沉淀水槽、光化薄层水流（利用池塘坝内坡）等组成。

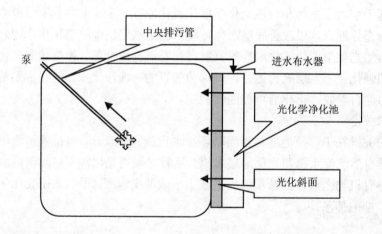

二、运行管理

高位池在进行第一次全面消毒后，一般不再进行常规水体消毒作业。封闭循环系统依据天气、养殖时期、养殖对象、水质变化、溶解氧情况等选择运行频次；沉淀槽中的污泥一般 7～10 d 清理一次。

投资效益分析

一、投资情况

高位池封闭循环生态养殖技术根据不同情况每塘（按 6 亩计）的总投资约 5 万～7 万元。其中，主体设备投资约 4 万元，主体设备寿命一般为 10～15 年。

二、经济效益分析

与普通池相比，成本降低 40%，产品品质得到明显提高，销售收益可增加 20%以上。

三、环境效益分析

采用高位池封闭循环生态养殖技术实现养殖废水零排放，能显著削减养殖废水典型污染物 COD、SS、氨氮等排放，每塘可少向环境排放 10 000 m^3 污水，减少对地下水、土壤及海域环境的污染，产生明显的生态环境效益；另一方面减少了冲塘、洗塘淡水的使用，节约了水资源。

技术成果鉴定与鉴定意见

一、组织鉴定单位

海南省科技厅。

二、鉴定时间

2006 年 7 月 28—29 日。

三、鉴定意见

项目研究依据环境生态学与环境工程学理论，对高位池养殖水质变化与废水排放规律进行了近 3 年的实地跟踪调查研究，分析评述了国内外海水养殖废水治理技术的现状，通过模拟实验，对现有多种养殖模式和废水净化处理方式进行了筛选，创造性地研发了"太阳光化学循环净水工艺"和"高位池清洁闭环生态养殖技术"，较好地解决了养殖废水排放污染环境的问题。在实验和示范养殖基地生产条件下，实现了闭路循环水养殖和废水零排放的目标，有效地以低成本的方法防止了高位池养殖废水排放对近海环境的污染。

推广情况

该技术已在海南 4 个市县成功进行了生产性示范，取得了较好的示范效果。推广面积达 144 亩，其中儋州市 40 亩、文昌市 18 亩、陵水县 64 亩和三亚市 22 亩。示范结果表明，各示范养殖场均实现了高位池清洁闭环生态养殖和养殖废水零排放目标，防止了高位池养殖废水排放对近海环境的污染；同时，实现水产养殖的节能降耗、降低生产成本、易管理、稳产高效和生产绿色水产品目标。各示范点当年经济效益均达到增效 20% 以上的目标。

技术服务与联系方式

一、技术服务方式

全程技术支持。

二、联系方式

联系单位：海南省环境科学研究院

联 系 人：符有利　林彰文

地　　　址：海南省海口市龙昆南路 12 号

邮政编码：570206

电　　话：0898-66568052/0898-66710960

传　　真：0898-66711373

E-mail & URL：fuyouli@126.com

主要用户名录

陵水饶德养殖场、三亚铁炉盐场养殖场、儋州于旭宗养殖场、文昌市铺前镇海口虾场。

高效生物流化床污水处理技术与装置

技术依托单位

西安陕鼓动力股份有限公司

西安交通大学

推荐部门

陕西省环境保护产业协会

适用范围

生活污水、工业废水处理项目。

主要技术内容

一、基本原理

该项目研究的高效生物流化床污水处理技术与装置借鉴传统流化床流态化机理，采用高分子悬浮颗粒填料作为微生物附着床，鼓风曝气提供载体流态化动力和微生物代谢所需氧气，是一种新型高效的生物去除有机物反应器。

工艺机理：高分子悬浮颗粒生物填料载体挂膜完成后，载体内外均附着大量生物膜及活性污泥菌胶团在水中呈悬浮状态，在反应器底部曝气提供载体流化动力和反应耗氧，污水流经时，载体表面的高效生物膜与污染因子充分传质，进行有机物好氧降解反应，随着载体表面微生物的生长，生物膜逐渐增厚，活性逐渐降低，当生物膜增厚到一定程度在水流剪切力和载体颗粒之间的碰撞下自然脱落，生物膜重新恢复高效降解性能。脱落的生物膜及水中的悬浮颗粒在混凝剂与絮凝剂的作用下在沉淀池絮凝沉淀，实现泥水分离。

二、技术关键

1. 采用高分子悬浮颗粒生物填料载体；

2. 采用高效性能优异的曝气装置；

3. 生物膜厚度的合理控制；

4. 絮凝剂与混凝剂的投加量确定。

典型规模

600 m^3/d。

主要技术指标及条件

一、技术指标

出水指标达到《城镇污水处理厂污染物排放标准》（GB 18918—2002）一级 B 标准。

二、条件要求

第一，装置要求处理水温不宜过低，实际运行过程中发现当水温低于12℃以下时，处理效果有所降低；第三，对鼓风机的曝气量和曝气强度也有要求，要有利于生物膜的生长；第三，沉淀系统的加药量和水力停留时间要合适，保证沉淀效果。

主要设备及运行管理

一、主要设备

罗次鼓风机、高分子悬浮颗粒生物填料、曝气装置、絮凝剂和混凝剂投加装置。

二、运行管理

项目的运行管理由专人进行管理，并编制了详细的操作规程，实行每天三班倒管理制度，每班由两名操作管理人员组成，负责对进水流量、曝气量的观察与调整，对絮凝沉淀加药装置的药剂进行配置，并对配置好的加药量进行控制。

投资效益分析

一、投资情况

总投资：180万元，其中，设备投资：146万元。

主体设备寿命：15年。

运行费用：32万元/年。

二、经济效益分析

直接经济净效益64万元/年，投资回收年限4年。

三、环境效益分析

COD浓度从进水的273 mg/L降到20 mg/L，削减率达到92.6%，年削减COD总量为53.59 t。

推广情况及用户意见

一、推广情况

项目技术装置现已推广应用于陕西鼓风机（集团）有限公司家属区生活污水的处理工程。

二、用户意见

项目满足了COD的削减达标排放的要求，出水满足再利用的要求，为企业节约了自来水应用量，同时为企业减免了排污费，实现了水资源再利用和节能减排的目标。

技术服务与联系方式

一、技术服务方式

专人进行现场技术指导与调试，定期进行技术培训与安全教育。并印制了详细的操作规则手册，以方便运行管理人员实时查阅。

二、联系方式

联系单位：西安陕鼓动力股份有限公司水处理事业部

联 系 人：韩巧玲

地　　址：西安市高新区沣惠南路8号

邮政编码：710075

电　　话：029-81871838

传　　真：029-81871061

E-mail & URL：hql313@126.com

2011-036
项目名称

一体氧化沟＋QH 絮凝技术

技术依托单位

重庆清源环保科技有限公司

推荐部门

重庆市环境保护产业协会

适用范围

中小型污水处理厂。

主要技术内容

一、基本原理

在一体化氧化沟工艺中，采用船式沉淀器、QH 絮凝技术，集生物处理和固液分离于一体。

二、技术关键

QH 絮凝技术在一体氧化沟中的应用。

典型规模

设计处理水量为 1 800 t/d。

主要技术指标及条件

污水进水水质：BOD_5：250 mg/L，COD_{Cr}：300～350 mg/L，SS：250 mg/L。

出水水质：$BOD_5 \leqslant 20$ mg/L，$COD_{Cr} \leqslant 60$ mg/L，SS：20 mg/L。

主要设备及运行管理

一、主要设备

转蝶曝气器，潜水推进器，二氧化氯发生器，加药装置。

二、运行管理

1. 控制好氧段 DO 为 2 mg/L，缺氧段＞1.5 mg/L，污泥沉降比（SV）大于 20%。

2. 开启 QH 絮凝剂加药装置，控制药剂流量。

3. 每隔 3 h 启动一次污泥回流泵 1 h，当活性污泥浓度 MLSS ≥3 g/L 时，剩余污泥抽至污泥浓缩池。

投资效益分析

一、投资情况

总投资：190 万元，其中，设备投资：63.20 万元。

64

主体设备寿命：20 年。

运行费用：12.128 万元。

二、环境效益分析

设计出水水质标准达到《城镇污水处理厂污染物排放标准》（GB 18918－2002）一级 B 标准。

技术成果鉴定与鉴定意见

一、组织鉴定单位

重庆市科学技术委员会。

二、鉴定时间

2002 年 1 月 10 日。

三、鉴定意见

国内先进水平。

推广情况及用户意见

已在多个污水处理厂成功应用，采用一体氧化沟结合 QH 絮凝技术处理污水，其效果好，在气温、水质和水量发生变化的条件下，出水水质相对稳定，值得推广应用。

技术服务与联系方式

一、技术服务方式

设计、实施、运营服务。

二、联系方式

联系单位：重庆清源环保科技有限公司

联 系 人：赵启元

地　　址：重庆市九龙坡区石坪桥横街特 16 号怡然苑 18-1 号

电　　话：023-68412684

传　　真：023-68405172

邮政编码：400051

E-mail & URL：qyhb@vipsina.cn

2011-038

项目名称

纤维转盘过滤技术应用于污水深度处理工艺

技术依托单位

北京科林之星环保技术有限公司

推荐部门

北京市环境保护产业协会

适用范围

城市污水处理厂升级改造及新建污水处理厂一级 A 标准，电厂、钢厂、石化等工业循环水处理。

主要技术内容

一、基本原理

1. 过滤

污水重力或加压流入滤池，经过固定于圆盘状支架上的微孔滤布，固体悬浮物被截留于滤布外侧，清水则通过中空管收集后重力排放。滤布微孔 5～20 μm，整个过程自动、连续。

2. 清洗

过滤过程中，随着固体悬浮物的不断累积，在滤布外侧逐渐形成污泥层，导致滤布的过滤阻力不断增加，并使得滤池内液位逐渐升高。当液位上升到反洗高度时，开启自吸泵，同时传动装置带动圆盘缓慢转动，固定于滤布外侧的刮泥吸污盘对滤布微孔内的污泥进行清洗。

3. 排泥

过滤和反洗过程中部分悬浮物沉积于滤布底布的锥形槽内，根据实际情况，定时开启排泥泵，将池底污泥排放并回流至生化处理系统。

二、技术关键

1. 微滤机滤布采用特殊编织技术，抗冲击能力强，纤维不脱落。纤维滤布强度高，湿态强度与干态强度基本相同。

2. 弹性好，伸长后，几乎可以完全恢复。

3. 纤维表面光滑，污垢易脱落，耐腐蚀，不发霉。

4. 过滤精度高，微孔 5～20 μm，可根据需要选择。

典型规模

500～500 000 m^3/d。

主要技术指标及条件

一、技术指标

过滤精度 5～1000 μm 可选。

平均滤速 9～12 m^3/（$m^2 \cdot h$）。

水头损失：≤300 mm。

单盘过滤面积：12.5 m^2。

出水 SS≤10 mg/L。

二、条件要求

进水 SS≤30 mg/L，瞬峰值 60～80 mg/L。

主要设备及运行管理

一、主要设备

微滤机由滤盘、滤池、反洗装置、排泥装置组成。

二、运行管理

全自动化运行，维护管理简单。

投资效益分析

总投资：240 万元。其中，设备投资：160 万元。

主体设备寿命：20 年。

运行费用：0.65 万元/年。

技术服务与联系方式

一、技术服务方式

项目设计、施工。

二、联系方式

联 系 人：郑福生

邮　　编：102211

电　　话：13910858774

联系地址：北京市昌平区百善镇狮子营村南

E-mail：zheng7080@sina.com

主要用户名录

北控水务集团、德威华泰（北京）科技有限公司、河北中科威德环境工程有限公司、河北石家庄国华环保技术有限公司。

2011-039

项目名称

彗星式纤维滤池

技术依托单位

浙江德安科技股份有限公司

浙江德安新技术发展有限公司

推荐部门

浙江省环境保护产业协会

适用范围

可广泛应用于饮用水处理工程、工业用水处理工程、中水回用处理工程、污水处理等领域。

主要技术内容

一、基本原理

彗星式纤维滤池的基本原理中，首先是在过滤技术中采用彗星式自适应纤维滤料，该滤料将纤维滤料截污性能好的特征与颗粒滤料反冲洗效果好的特征相结合，由于它有着强大的比表面积（可达 6 000 m²/m³），同时由于彗尾的相互交织，形成了无数的网状孔隙率，其孔隙的分布为上大下小的理想结构，充分利用了滤床的纳污能力。同时彗星式纤维滤料具有强大的吸附功能，能容易捕捉水中微小的悬浮颗粒。因此彗星式纤维滤池过滤技术能实现滤池的高滤速和高精度的过滤目的。

二、技术关键

技术关键在于过滤介质的选取。彗星式纤维滤料过滤原理主要是利用纤维强大的比表面积的吸附作用，同时伴有机械脱落和迁移的原理。其孔隙度高达 85%～90%，而传统粒径 1 mm 石英 V 型滤层孔隙度为 45%。该滤料具有比常规过滤材料大得多的纳污量。该过滤材料的另一特点是其一端为松散的纤维丝束，又称"彗尾"，另一端纤维丝束固定在密度较大的"彗核"内。过滤时，密度较大的"彗核"起到了对纤维丝束的压密作用，同时，又由于"彗核"的尺寸较小，可以比常规 V 型滤料滤池滤速高 2～3 倍的高滤速运行，从而提高了滤床的截污能力。

典型规模

以宁波建龙钢厂彗星式纤维滤池的应用为例，应用规模为 100 000 t/d，占地面积为 957.70 m²，设备投资为 120 万元，污染物应用前含量为 30 mg/L，应用后含量为 ≤5 mg/L，污染物去除率为 91%，年平均削减污染物达标率为 85%。

主要技术指标及条件

一、技术指标

1. 出水浊度不高于 1NTU；

2. 一般运行周期达 12 h；

3. 过滤速度一般为 18～26 m/h；

4. 反冲洗耗水量小于周期滤水量的 1%～2%；

5. 絮凝剂投加量是常规技术的 1/2～1/3。

二、条件要求

1. 连续使用温度不超过 55℃；

2. 过滤的介质为非高浓度的强酸强碱；

3. 过滤介质为非高浓度的有机溶剂；

4. 混凝剂：聚合氯化铝，投加浓度 2～8 mg/L（具体视水质情况而定）；

5. 水温：0～55℃（注：在水流动的情况下）。

主要设备及运行管理

一、主要设备

配水布气系统、彗星式纤维滤料、挡滤料装置、反冲洗水泵、反洗风机、管道、阀门等。

二、运行管理

彗星式纤维滤池的工作过程分为过滤过程、反冲洗过程和初滤过程。

技术成果鉴定与鉴定意见

一、组织鉴定单位

宁波市科学技术局。

二、鉴定时间

2009 年 12 月 28 日。

三、鉴定意见

通过鉴定。

推广情况及用户意见

一、推广情况

应用的厂家数已达 85 家，装置数 120 套。总投资：13 000 万元，总经济效益：6 000 万元/年。

二、用户意见

彗星式纤维滤池的处理效果能满足对处理水质的要求，处理效果能够在一定的负荷程度下得到保证，过滤精度高与过滤速度快能够得到统一。

获奖情况

第十八届全国发明展览会金奖。

技术服务与联系方式

一、技术服务方式

设备制造、安装调试。

二、联系方式

联系单位：浙江德安科技股份有限公司

联 系 人：曹霞、马丽

地 址：浙江省宁波市国家高新区江南路 599 号科技大厦 10 楼

邮政编码：315040

电 话：0574-87901196

传 真：0574-87901165

E-mail & URL：zcb@chinadean.com

　　　　　　　http://www.chinadean.com

主要用户名录

宁波北仑岩东排水有限公司、宁波建龙钢铁有限公司、成都市排水有限责任公司等 85 家单位。

2011-040
项目名称

DT 自适应高效过滤器

技术依托单位

陕西大唐环境科技有限公司

推荐部门

陕西省环境保护产业协会

主要技术内容

一、基本原理

DT 自适应高效过滤器是以新型彗星式纤维滤料为技术核心的高效过滤器，由罐体、内部配水布气装置、新型彗星式纤维滤料等组成。污水在过滤器内从上向下流动，流动时污水中的悬浮物被滤料截留，流出的水即为合格的净水。

二、技术关键

DT 自适应高效纤维过滤器的技术关键是采用新型彗星式纤维滤料为核心，该滤料形成的滤床孔隙分布接近理想的滤层结构，过滤时沿水流方向自上而下滤床孔隙度由大逐渐变小，自动形成上疏下密的滤床结构，即上下梯度分布，滤床同一横截面孔隙率分布均匀，过滤时大颗补滤床上部捕获截留，小颗粒在滤床下部被捕获截留，整个滤床的过滤能力被充分发挥，不会形成常见的滤饼现象。

典型规模

每天几十吨到上万吨不等。

主要技术指标及条件

一、技术指标

悬浮物：滤前水质≤50 mg/L，滤后水质≤5NTU；

滤前水质≤20 mg/L，滤后水质≤1NTU。

二、条件要求

滤料的纳污量是 15～35 kg/m³。

投资效益分析（神华煤制油自备电厂水汽配套改造工程 21 000 m³/d 水预处理）

一、投资情况

总投资：175 万元。其中，设备投资 156 万元。

运行费用：11 万元/年。

二、经济效益分析

省水、省电、占地面积小。

三、环境效益分析

过滤精度高，悬浮物去除率达 95%以上。

推广情况

可广泛用于市政污水处理厂、自来水厂、工业给水，以及煤化工、造纸厂、电厂、钢铁冶炼等工业废水、循环水的处理及中水回用、UF 及 RO 的预处理、游泳池等各行业的水处理，能有效地去除多种污染物。

技术服务与联系方式

一、技术服务方式

设备制造、安装。

二、联系方式

联系单位：陕西大唐环境科技有限公司

联 系 人：郑啸峰

地　　址：西安市雁塔北路 8 号万达广场 2 栋 1 单元 11807 室

邮政编码：710054

电　　话：029-85566778

传　　真：029-85566779

E-mail & URL：dthj@chinadthj.com

2011-041
项目名称

新型 D 型滤池

技术依托单位

陕西大唐环境科技有限公司

推荐部门

陕西省环境保护产业协会

主要技术内容

一、基本原理

新型 D 型滤池是一种在 V 型滤池结构基础上改进的并以新型彗星式纤维滤料为技术核心的高效纤维滤池，新型 D 型滤池由配水渠、V 型槽、表面扫洗孔、拦截盖板、新型彗星式纤维滤料、滤板、长柄滤头、人孔、配水布气孔、滤梁及反冲洗排水渠等组成。污水在新型 D 型滤池内从上向下流动，流动时污水中的悬浮物被滤料截留，流出的水即为合格的净水。

二、技术关键

新型 D 型滤池的技术关键是采用新型彗星式纤维滤料为核心，该滤料形成的滤床孔隙分布接近理想的滤层结构，过滤时沿水流方向自上而下滤床孔隙度由大逐渐变小，自动形成上疏下密的滤床结构，即上下梯度分布，滤床同一横截面孔隙率分布均匀，过滤时大颗粒被滤床上部捕获截留，小颗粒在滤床下部被捕获截留，整个滤床的过滤能力被充分发挥，不会形成常见的滤饼现象。

典型规模

每天几十吨到上万吨不等。

主要技术指标及条件

一、技术指标

悬浮物：滤前水质≤50 mg/L，滤后水质≤5NTU；

滤前水质≤20 mg/L，滤后水质≤1NTU。

二、条件要求

滤料的纳污量是 15～35 kg/m^3。

投资效益分析（河南商丘污水处理厂 13 万 t/d 提标工程）

一、投资情况

总投资：8 000 万元。其中，设备投资 1 950 万元。

运行费用：130 万/年。

二、经济效益分析

省水、省电、占地面积小。

三、环境效益分析

过滤精度高，悬浮物去除率达 95%以上。

推广情况

可广泛用于市政污水处理厂、自来水厂、工业给水，以及煤化工、造纸厂、电厂、钢铁冶炼等工业废水、循环水的处理及中水回用、UF 及 RO 的预处理、游泳池等各行业的水处理，能有效地去除多种污染物。

技术服务与联系方式

一、技术服务方式

设备制造、安装。

二、联系方式

联系单位：陕西大唐环境科技有限公司

联 系 人：郑啸峰

地　　　址：西安市雁塔北路 8 号万达广场 2 栋 1 单元 11807 室

邮政编码：710054

电　　话：029-85566778

传　　真：029-85566779

E-mail & URL：dthj@chinadthj.com

恒荣 3l 系列三叶型罗茨鼓风机

技术依托单位

南通市恒荣机泵厂有限公司

推荐部门

中国环境保护产业协会水污染治理委员会

适用范围

生活污水、工业废水处理采用鼓风曝气活性污泥工艺的曝气沉砂池。

主要技术内容

一、基本原理

针对传统的二叶型罗茨鼓风机在气体逆流压缩的过程中会产生强烈的空气冲击阻力和噪声的问题，该技术将罗茨风机的心脏部件：叶轮的形状，由二叶型改为三叶型，研发出了一种面积利用系数大又不产生叶型干涉，同时密封效果好又便于加工的三叶叶轮型线，大大减小了霍尔姆兹共振效应，达到了既增大流量又减小噪声的目的。

二、技术关键

1. 减小了高压气体从叶轮与机壳及叶轮与墙板间隙中的泄漏，提高了容积效率，降低了能耗。

2. 在机壳流道设计中，采用菱形出风口，尽量延长气体逆流压缩的时间，从而达到降低噪声的目的。

典型规模

年产高效节能低噪声三叶型罗茨鼓风机 6 000 台。

主要技术指标

风机风量：$0.58 \sim 168 \ m^3/min$，风压 $9.8 \sim 98 \ kPa$。

投资效益分析

一、环境效益分析

由于三叶型罗茨鼓风机的噪声比传统的二叶型罗茨鼓风机降低噪声 $7 \sim 17 \ dB$（A），从而大大降低风机噪声对环境所造成的二次污染。

二、经济效益分析

2010 年销售 6 000 台罗茨鼓风机，若以本项目产品平均每台节能 15%测算，则全年可节电 9 504 万 kW/h，每千瓦时以 0.8 元计算，则全年为国家节约电费 11 880 万元。

推广情况及用户意见

一、推广情况

产品自 1995 年通过省计经委，机械厅鉴定投产以来，凭借噪声低，能耗低的特点，遍销售全国，并出口销往东南亚，10 多年来累计销售各型风机约 3.2 万台，主要配套应用于污水处理，其他如气力输送、水产养殖、冶金等部门也配套应用。

二、用户意见

风机运行平稳，无振动，流量大，节能效果明显，而且该厂的售后服务也令人满意。

获奖情况

"江苏省科技进步一等奖"；中国优秀环境保护装置（会长奖）。

技术服务与联系方式

一、技术服务方式

设备制造、安装、维护。

二、联系方式

联系单位：南通市恒荣机泵厂有限公司

联 系 人：曹尧年

地　　　址：江苏省海门市三厂镇中华西路 297 号

邮政编码：226121

电　　话：0513-82607650

传　　真：0513-82607650

2011-043

项目名称

水处理用悬浮生物填料

技术依托单位

江苏裕隆环保有限公司

推荐部门

中国环境保护产业协会水污染治理委员会

适用范围

应用于污水处理项目厌氧、好氧生物反应器内。

主要技术内容

一、基本原理

生物反应器中投加一定比例的悬浮生物填料，利用悬浮生物填料具有的巨大表面积、水气穿透性以及填料具有的高活性分子，在填料内表面形成微生物膜（外表面由于摩擦的原因无法形成）。好氧池通过曝气方式、厌氧池通过搅拌方式使得填料在生物反应器内自由翻转与污水充分混合，利用生物膜的吸附能力和高效降解能力，达到净化水质的目的。

二、技术关键

研制的悬浮生物填料母材为 HDPE，通过材料改性，改变了材料的亲水角，提高了亲水性；增加了表面与氧分子的结合；添加了微生物生长所需的营养元素；添加了抗老化、抗紫外线元素；从而使得悬浮生物填料具有微生物挂膜快、生物量高、氧利用效率高、使用寿命长等优势。

典型规模

青岛城阳污水厂提标升级改造（50 000 m³/d）。

主要技术指标及条件

1. 水量 $Q = 50\,000$ m³/d；

2. 水质指标：排放满足 GB 18918—2002 一级 A 标准；

3. 活性填料：载体比表面积达到 500 m²/m³ 以上，生物膜硝化活性高，载体挂膜后湿密度约为 1 kg/L。

4. 污水处理能力：COD 去除率 85% 以上，氨氮效率不低于 90%，总氮去除率达到 70% 以上。

主要设备及运行管理

潜水推流器、进水管路、电子流量计、闸阀、曝气管路、填料拦截筛网、悬浮填料。

投资效益分析（使用者）

一、投资情况

总投资：1 500 万元。其中，设备投资：1 300 万元。

悬浮生物填料使用寿命：＞10 年。

二、环境效益分析

将原有的 A²/O 工艺改造为 MBBR＋三段 A/O 分段进水工艺，直接在原有 A²/O 生物反应池内完成改造，合理利用污水中的碳源，在无外加碳源下使得出水达到 GB 18918—2002 一级 A 标准。

技术成果鉴定与鉴定意见

一、组织鉴定单位

中国环保产业协会水污染治理委员会。

二、鉴定时间

2011 年 8 月 21 日。

三、鉴定意见

成功开发分段进水悬浮填料 A/O 工艺同步脱氮除磷工艺系统，出水水质稳定达到 GB 18918—2002 一级 A 排放标准。取消原 400% 内回流，节省了动力费。投加 YL-Ⅱ型悬浮填料挂膜速度快、可大幅度增加生物量，有利于硝化细菌生长繁殖，提高了硝化和反硝化速率及效率；增加了容积负荷量，达到国际领先水平。

推广情况及用户意见

一、推广情况

已应用于青岛城阳污水处理厂一、二期 $10.0 \times 10^4 m^3/d$ 升级改造示范工程项目。

二、用户意见

投加悬浮填料，提高系统硝化能力，强化了运行效果和运行的稳定性，与其他城市污水处理厂升级改造工程相比，费用节省 11%。

获奖情况

被列为中小企业创新基金项目、江苏省高新技术产品。

联系方式

联系单位：江苏裕隆环保有限公司

联 系 人：宗水波

地　　址：江苏省宜兴市高塍镇环保产业园华汇路 6 号

邮政编码：214214

电　　话：0510-87838628

传　　真：0510-87895522

E-mail&URL：sales@ylep.com

http://www.ylep.com

主要用户名录

河北维尔康制药有限公司、山东省单县化工有限公司、中国石油化工股份有限公司巴陵分公司、中国石油化工股份有限公司上海高桥分公司、浙江医药股份有限公司新昌制药厂、青岛城阳污水处理厂一、二期、中国矿业大学校区污水处理厂。

2011-044

项目名称

辐流式细微气泡气浮装置

技术依托单位

山西泓源达环境工程有限公司

推荐部门

山西省环境保护产业协会

适用范围

造纸、焦化、印染等工业废水处理，城市生活污水处理。

主要技术内容

一、基本原理

JYD 辐流式细微气泡气浮装置由接触区、分离区、出水渠、浮渣槽、污泥槽、中心支柱、进水管、出水管、溶气水进水管、排泥管、排渣管、刮泥刮渣机、微纳米气泡释放器组成。经过混凝、絮凝的污水和大量的微纳米气泡混合后，从辐流气浮池中心底部沿切线进入，旋转上升，并在接触区上部向四周扩散，浮渣漂浮到水面，清水从辐流气浮池四周底部流出，微纳米气泡与污水接触十分充分，不会由于个别溶气释放器堵塞而影响气浮效果；同时出水堰负荷远小于平流气浮，出水效果更好；撇渣、刮泥同步进行，不会由于沉泥影响出水效果和停机检修。辐流气浮的结构形式优于平流气浮。

二、技术关键

1．进水不需要二次提升，独有的进出水方式，提高了气水的混合效果；

2．微纳米气泡释放器设计；

3．污泥槽位于分离区中心，且分离区底部有一定坡度，坡向污泥槽，刮泥效果好，避免了分离区底部沉泥需要定期将气浮池排空清洗的缺陷；

4．可预先经过混凝，会显著提高气浮效果；

5．特别适用于大型气浮，单机处理水量可达 8 万 m^3/d 以上。

典型规模

5 万 m^3/d 造纸工业废水处理、2 万 m^3/d 城市生活污水处理。

主要技术指标及条件

一、技术指标

进水水质：COD≤300 mg/L，SS≤500 mg/L；

出水水质：COD≤70 mg/L，SS≤30 mg/L。

二、条件要求

进水水质：COD≤300 mg/L，SS≤500 mg/L。

主要设备及运行管理

一、主要设备

气浮装置主体、气浮刮渣刮泥机、水射器及溶气罐、微纳米气泡释放器、配套排渣及溢流装置、控制柜等。

二、运行管理

采用自动化控制运行，不需要专人值守。

投资效益分析（佳木斯龙江福浆纸有限公司 5 万 m^3/d 造纸工业废水处理工程）

总投资：520 万元。其中，设备投资：240 万元。

主体设备寿命：20 年。

运行费用：170 万元/年。

技术服务与联系方式

一、技术服务方式

包括工程设计、工程施工、设备安装、工程调试及验收。

二、联系方式

联系单位：山西泓源达环境工程有限公司

联 系 人：王树岩

地　　址：山西省太原市并州南路 6 号怡和·鼎太风华商座 17 层

邮政编码：030012

电　　话：0351-6265677

传　　真：0351-6265677

E-mail：hydhyd2003@163.com

2011-045
项目名称

LY-Ⅰ型高效表面曝气机

技术依托单位

河南中新环保物流设备有限公司

推荐部门

河南省环境保护产业协会

适用范围

该设备适用于污水处理曝气。

主要技术内容

一、基本原理

LY-Ⅰ型高效表面曝气机是机械表面曝气机一种新型曝气机，它是由电动机驱动，由减速器减速，通过联轴器和立轴带动曝气机圆盘和水中叶片旋转；叶片转动，搅动水流，涡流旋转，水气混合，抛起水花，达到曝气充氧的功能。

二、技术关键

LY-Ⅰ型高效表面曝气机采用崭新的导水多孔性圆盘和直立变径曲面叶片相结合，气水混合好、抛洒水花范围大、搅拌池水深、推流效果好。

典型规模

50 000 m³/d 造纸中段废水处理。

主要设备及运行管理

一、主要设备

电动机减速器减速、立轴、曝气机圆盘、叶片。

二、运行管理

曝气机为氧化沟工艺的关键设备，具有充氧、搅拌及径向推流等三大功能。

投资效益分析（以 50 000 m³/d 造纸中段废水处理为例）

一、投资情况

总投资：4 409 万元。其中，设备投资 2 537 万元。

主体设备寿命：10 年。

运行费用：483 万元/年。

二、经济效益分析

能耗降低 38%，每年直接经济净效益 521 万元。

三、环境效益分析

经过处理后每年少向环境中排放 COD 2 687 t，SS 201 t，极大地改善了生态环境，减少了环境纠纷。

技术成果鉴定与鉴定意见

一、组织鉴定单位

河南省科技厅。

二、鉴定时间

2006 年 5 月 12 日。

三、鉴定意见

国内领先水平。

推广情况及用户意见

一、推广情况

自 2005 年产品问世，成功应用于 3 家造纸废水处理工程，1 家市政污水企业，并已验收合格，另有几家市政污水、造纸废水企业的设备正在制造或在安装阶段。

二、用户意见

高效表面曝气机在使用过程中设备性能优良，运行稳定，满足有关设计要求。

获奖情况

河南省科技成果奖。

联系方式

联系单位：河南中新环保物流设备有限公司

联 系 人：孟新兰

地　　址：新乡市人民西路 698 号

邮政编码：453000

电　　话：0373-5463026

传　　真：0373-5466125

E-mail：ZXHB8888@126.com

主要用户名录

河南新乡刘店纸业有限公司、河南省新密市新兴纸业有限公司、河南省辉县市造纸总厂、康达环保水务有限公司焦作分公司。

2011-046
项目名称

潜水推流器

技术依托单位

江苏亚太水处理工程有限公司

推荐部门

中国环境保护产业协会水污染治理委员会

适用范围

污水处理工艺的搅拌推流。

主要技术内容

一、基本原理

低速推流器以推流更新为主，电动机直连减速机构驱动叶轮旋转，旋转的叶轮搅动液体产生旋向射流，利用沿着射流表面的剪切力来进行混合，使流场以外的液体通过摩擦产生搅拌作用，在极度混合的同时，形成体积流，应用大体积的流动模式使受控流体被推流输送。

二、技术关键

电动机直连式摆线星轮减速传动结构、动密封系统、泄漏报警保护系统、叶轮水力功能系统。

主要技术指标及条件

推流器产品叶轮直径：1 800 mm 和 2 500 mm；功率：4～11 kW；当流速 0.3 m/s 时，推流长度：35～75 m，推流宽度 7～14 m；当流速 0.2 m/s 时，推流长度：45～90 m，推流宽度 11～16 m。

低速推流器用于产生紊流和大面积的推流作用，防止污泥沉积，具有能自净、无缠绕、能耗低、无噪声等特点。

主要设备及运行管理

一、主要设备

低速潜水推流器主机、水下耦合装置、水上提升装置、现场控制柜。

二、运行管理

设备运行管理方便灵活，可现场单控，也可实现联动控制，设备稳定性好，只需定期检查设备运行情况，无特殊管理要求。

技术成果鉴定与鉴定意见

一、组织鉴定单位

江苏省科学技术厅。

二、鉴定时间

2000 年 11 月 25 日。

三、鉴定意见

通过鉴定。

推广情况及用户意见

一、推广情况

随着国家对环境保护越来越重视，各种工业废水和生活污水的处理力度将加人，各地必将大量并已经兴建污水处理厂。低速推流器作为污水处理厂必需设备，有着广阔的市场前景。

预计产品今后几年，年均销售将达到 20 000 台套，新增产值 8 000 万元，新增利税 1 600 万元，具有显著的经济效益和社会效益。

二、用户意见

设备长期可靠稳定运行，维护方便，服务周到及时。

技术服务与联系方式

联系单位：江苏亚太水处理工程有限公司

联系地址：江苏省泰兴市经济开发区城东工业园区

邮政编码：225400

电　　话：0523-87659561

传　　真：0523-87659566

2011-047

项目名称

SCR 脱硝催化剂载体材料

技术依托单位

四川华铁钒钛科技股份有限公司

适用范围

脱硝催化剂载体。

主要技术内容

一、基本原理

通过对偏钛酸的预处理、洗涤、打浆、盐处理、煅烧、冷却、粉碎及成品包装等一系列先进的工艺流程，将偏钛酸为主的原料加工成脱硝催化剂载体材料，该产品具有超细晶粒、高比表面积、高表面活性的特性，主要用于生产 SCR 催化剂的生产，是生产 SCR 催化剂最主要的原料，其用量按重量计算占催化剂所用原料的 70%～80%，占 SCR 催化剂原料成本的 80%～90%。

二、技术关键

主要的关键技术包括：脱硝催化剂载体万吨级生产线的工艺流程；硫含量控制技术；比表面积控制技术；晶粒尺寸控制技术；提高催化活性的添加剂；工程化相关关键设备；工程化关键控制技术等。

典型规模

2 万 t/a。

主要技术指标及条件

1．技术指标

其中比表面积＞80 m^2/g，晶粒度 14～18 nm。

2．条件要求

按制定的生产条件和工艺流程要求执行。

主要设备及运行管理

一、主要设备

前处理设备、回窑煅烧设备、反应混料设备、超细粉碎设备、包装制作设备等。

二、运行管理

连续生产方式，实行生产倒班制。按公司有关规章制度进行管理。

技术成果鉴定与鉴定意见

一、组织鉴定单位

中国电力企业联合会。

二、鉴定时间

2009 年 1 月 11 日。

三、鉴定意见

通过鉴定。

推广情况及用户意见

产品已在国内主要用户批量销售，总销量达 2 000 t 以上。

联系方式

联系单位：四川华铁钒钛科技股份有限公司客户服务部

联 系 人：兰书伟

地　　址：四川省攀枝花市米易县一枝山钒钛工业园区

邮政编码：617200

电　　话：0812-8189518

传　　真：0812-8189518

E-mail & URL：huateifantai@163.com

主要用户名录

重庆远达催化剂有限公司、江苏龙源催化剂有限公司、成都凯特瑞催化剂有限公司。

DXT 氨法烧结机烟气脱硫技术

技术依托单位

大连绿诺环境工程科技有限公司

推荐部门

大连市环境保护产业协会

适用范围

冶金烧结机烟气脱硫。

主要技术内容

一、基本原理

DXT 氨法烧结烟气脱硫技术是采用来自于焦炉生产过程中自身产生的氨气经磷酸洗氨系统生成氨水，作为脱硫剂在吸收塔中与烟气中的 SO_2 反应，生成亚硫酸氢铵和亚硫酸铵。含亚硫酸氢铵的溶液与氨进一步反应生成亚硫酸铵。将 pH 为 6 的 $(NH_4)_2SO_3$ 溶液作为循环吸收液脱 SO_2，一部分排出体系回收硫铵，回收硫铵时向溶液中添加氨水，使其成为 $(NH_4)_2SO_3$ 溶液，在氧化塔内用加压的空气氧化，并加少量硫酸促进硫铵结晶成长，将结晶的硫酸铵分离、干燥，即得硫酸铵产品。

该方法整个工艺过程主要分为碱性脱硫剂与 SO_2 反应生成亚硫酸盐的过程和亚硫酸盐氧化生成硫酸盐的过程，发生的化学反应如下：

脱硫剂生成过程：$NH_3 + NH_4H_2PO_4 = (NH_4)_2HPO_4$

吸收过程：$2NH_3 \cdot H_2O + SO_2 = (NH_4)_2SO_3 + H_2O$

氧化过程：$2(NH_4)_2SO_3 + O_2 = 2(NH_4)_2SO_4$

二、技术关键

较好地解决了设备、管道（烟道）的腐蚀问题、氨的逃逸问题、副产物中重金属的残留问题。

典型规模

280 m^2 烧结机。

主要技术指标及条件

一、脱硫系统

SO_2 排放浓度：≥150 mg/m^3；烟尘排放浓度：≤50 mg/m^3；脱硫塔阻力：<1 200 Pa；氨硫比：2.1；液气比：0.8（l/m^3）；允许逃逸氨量：<30 mg/m^3；氨水浓度：3%。

83

二、副产硫酸铵系统

硫酸铵产品规格符合国家标准 GB 535—1995 的农业品。

主要设备及运行管理

脱硫剂系统（焦炉煤气磷酸洗氨）、烟气系统、脱硫系统、副产硫酸铵系统。

投资效益分析（以涟钢 280 m² 烧结机烟气脱硫工程为例）

一、投资情况

总投资：6 999 万元。其中，设备投资：4 556 万元。

主体设备寿命：10 年。

运行费用：1 657 万元/年。

二、环境效益分析

该项目脱硫效率达到 93%，除尘效率为 40.8%。项目运行年可实现减排二氧化硫
10 531 t，年产硫酸铵大约 20 434 t，环境效益显著。

推广情况

目前，该技术已应用到湖南华凌涟源钢铁有限公司 280 m² 烧结烟气脱硫工程中。

联系方式

联系单位：大连绿诺环境工程科技有限公司

联　系　人：隋玉美

地　　　址：大连市金州区站前街道有泉路 11 号

邮政编码：116100

电　　话：0411-87662700-1131

传　　真：0411-87662988

E-mail：office@rinogroup.com

2011-049
项目名称

钢铁烧结烟气石灰石-石膏法空塔喷淋脱硫技术

技术依托单位

湖南永清环保股份有限公司

推荐部门

湖南省环境保护产业协会

适用范围

钢铁行业烧结机烟气、燃煤火电厂烟气、冶炼窑炉烟气等。

主要技术内容

一、基本原理

钢铁烧结烟气石灰石-石膏法空塔喷淋脱硫技术是在燃煤火电厂石灰石-石膏湿法烟气脱硫技术的基础上,针对烧结机烟气的特点,经过研究改进、自主创新而成。其关键设备喷淋空塔通过大流量空心锥喷嘴细化吸收浆液使其与烟气充分接触,系统主要包括烟气系统、吸收系统、制浆系统、石膏脱水系统、工艺水系统等。

二、技术关键

(1)采用的风量自动跟踪调节控制技术,提高了系统稳定性,节约了系统能耗。

(2)采用的烟温调节控制技术,不但稳定了入塔烟气温度,而且使 SO_2 吸收效率同比提高 2%以上。

(3)采用了湿法烟气脱硫浆池结晶生成物控制装置,不但可以避免吸收塔内结垢、管道堵塞等现象,而且能使石膏结晶颗粒均匀,利于真空皮带脱水机脱水处理,提高了石膏的品质。

(4)采用先进的完全空塔喷淋,阻力小,无结构,无堵塞。塔上部设置三层喷淋,喷嘴采用大流量中空喷嘴,避免喷嘴堵塞。喷出雾滴粒径≤2 100 μm,保证气液完全接触。此设计能节约增压风机和吸收塔循环泵电耗。

(5)采用大型流体计算软件 CFX 对吸收塔内烟气速度场、压力场、温度场进行模拟,确定最佳的烟气入塔倾角,并配合吸收塔入口设置的烟气偏转环,使烟气在吸收塔内均匀分布,消除气液接触盲区,使二氧化硫吸收率同比提高 1%以上。

(6)吸收塔体采用合金、橡胶和玻璃鳞片等多种材料组合式防腐技术,针对吸收塔内不同部位的运行工况,确定合理有效的防腐方式,大大延长了吸收塔的使用寿命,节约了运行维护成本。

主要技术指标及条件

一、技术指标

(1)脱硫效率≥92%;

(2)设施与烧结机同步运行率 98%;

(3)脱硫塔排气筒二氧化硫排放浓度≤200 mg/m³;

(4)烟囱出口雾滴浓度≤75 mg/m³;

(5)烟囱粉尘排放浓度≤50 mg/m³;

(6)岗位粉尘浓度≤8 mg/m³;

(7)石灰仓顶布袋除尘排放浓度≤30 mg/m³;

(8)设施运转噪声≤85 dB,控制室噪声≤60 dB。

二、条件要求

工程技术对于烟气条件要求如下:烟气温度<200℃,烟气中粉尘含量<300 mg/m³,如烟气参数不能达到此要求,需在烟气进入脱硫装置前加装降温和除尘措施。对于脱硫剂石灰石要求其中 $CaCO_3$ 含量>90%,石灰石活性较高,才能确保副产品石膏的纯度。

主要设备及运行管理

一、主要设备

主要包括烟气系统、吸收系统、制浆系统、石膏脱水系统、工艺水系统等。

二、运行管理

采用 DCS 对脱硫系统进行集中控制，自动化程度高。每班只需 3 个操作人员即可完成对整个脱硫系统的操作和监控，节约了人力成本。

投资效益分析（以湖南华菱湘潭钢铁有限公司 360 m² 烧结机烟气脱硫工程为例）

一、投资情况

总投资：5 000 万元。其中，设备投资：2 000 万元。

主体设备寿命：20 年。

运行费用：2 000 万元/年。

二、环境效益分析

该项目建成投产后，年脱硫量为 1 万多 t，占长株潭地区年减排总量的 1/6，占全省年减排总量的 1/10；年除尘量约 300 多 t。SO_2 和烟尘排放量的大量降低，既可缓解湘潭及周边地区的酸雨污染，又能改善空气质量。具有非常好的环境效益。

技术成果鉴定与鉴定意见

一、组织鉴定单位

湖南省科学技术厅。

二、鉴定时间

2009 年 11 月 15 日。

三、鉴定意见

国内领先水平。

推广情况及用户意见

已投运的项目有：衡阳华菱连轧管有限公司 180 m² 烧结机烟气脱硫工程、湖南华菱湘潭钢铁有限公司 360 m² 烧结机烟气脱硫工程、湖南华菱涟源钢铁有限公司 180 m² 烧结机烟气脱硫工程等。

联系方式

联系单位：湖南永清环保股份有限公司

联系人：冯延林

地址：湖南省长沙市芙蓉中路二段 80 号顺天国际财富中心 17 楼

邮政编码：410005

电　　话：0731-84416867

传　　真：0731-84880775

E-mail & URL：814301743@qq.com

滤泡吸收式钢渣法烧结烟气脱硫装置

技术依托单位

江苏东大热能机械制造有限公司

推荐部门

江苏省环境保护产业协会

使用范围

钢铁行业烧结机排放烟气的脱硫。

主要技术内容

一、基本原理

钢渣是钢铁生产过程中排出的固体废弃物，主要成分是硅、钙、铁等金属氧化物，钢渣中含有40%～50%的氧化钙。应用机械力化学原理，将钢渣、表面活性剂、水按一定的比例混合，并经湿法研磨而形成浆态的钢渣脱硫剂，钢渣中氧化钙得以充分利用。脱硫剂经复配而成脱硫液，并经滤泡发生器产生滤泡。由于脱硫剂中加有适量的表面活性剂，提高了滤泡的表面张力，使钢渣粉粒得以均匀地粘附在滤泡表面，实现了脱硫液与 SO_2 烟气的充分接触。通过钢渣研磨粒度与水泥混合料粒度的匹配，实现钢渣—脱硫剂—脱硫残渣—水泥添加料的完全资源化利用。用廉价的钢渣取代石灰石制取脱硫剂，可使脱硫剂的成本下降40%以上。

二、技术关键

1．采用滤泡吸收技术，提高了脱硫液对低浓度 SO_2 的吸收效率，降低了脱硫系统的运行阻力。通过对目标产品中滤泡发生器直角对冲旁通孔的精确布置，实现了气液两相的充分接触与二次冲击扰动，在浆液表层以上形成大量细密滤泡。呈连续相的滤泡浆液，较分散相的液滴，比表面积大、吸收效率高、吸收塔阻力低。滤泡吸收塔体积小、一次性投资少。

2．研发烧结烟气脱硫工况适时响应控制系统，有效解决了烧结烟气工况波动大、脱硫装置运行不稳定这一难题。针对烧结烟气的工况特点，项目研发了一种智能化、响应快的烧结烟气脱硫工况适时响应控制系统，来控制脱硫装置的稳定运行。

主要技术指标及条件

一、技术指标

钢渣利用率：＞98%；

液气比：＜2.5 L/m^3；

脱硫率：>96%；

烟气塔内流速：<5 m/s；

塔内停留时间：2～3 s；

系统阻力：<1 400 Pa；

装置可利用率：>99%。

二、条件要求

钢铁生产过程中排出的固体废弃物钢渣的量须满足制备钢渣脱硫剂的需要。

主要设备及运行管理

一、主要设备

吸收塔本体、浆液循环泵、氧化压缩风机、氧化空气均分装置、除雾器、石灰粉料仓、皮带输送机、皮带秤、搅拌器、石灰乳泵、控制柜以及 pH 控制器等。

二、运行管理

技术服务方电话跟踪服务及定期现场服务相结合。

投资效益分析

一、投资情况

总投资：1 873.27 万元。其中：设备投资：1 380.00 万元。

主体设备寿命：30 年。

运行费用：387.3 万元/年。

二、经济效益分析

项目产品综合利用钢渣以及二氧化硫减排可产生很可观的经济效益，所有投资仅需两年多即可收回。

三、环境效益分析

项目通过钢渣研磨粒度与水泥混合料粒度的匹配，实现钢渣—脱硫剂—脱硫残渣—水泥添加料的完全资源化利用，解决了钢铁企业大量钢渣堆积占用土地，以及二氧化硫排放造成环境污染的一大难题。

技术成果鉴定与鉴定意见

一、组织鉴定单位

中国环境科学学会。

二、鉴定时间

2010 年 1 月 20 日。

三、鉴定意见

国际先进水平。

推广情况及用户意见

一、推广情况

目前，该项目已经在唐山安泰钢铁有限公司、淄博铁鹰钢铁有限公司投入使用。

二、用户意见

该装置投入运行已 1 年有余，运行稳定，未发生结垢、堵塞现象，脱硫效率高，操作简单方便。

获奖情况

江苏省环保厅科学技术二等奖。

联系方式

联系单位：江苏东大热能机械制造有限公司

联　系　人：贾树山

地　　　址：江苏省盐城经济开发区通榆南路 330 号

邮政编码：224007

电　　　话：0515-88555888

传　　　真：0515-88555666

URL：www.chinadlp.com

2011-051
项目名称

低浓度二氧化硫烟气吸收氧化利用一体化工艺及装置

技术依托单位

云南亚太环境工程设计研究有限公司

推荐部门

云南省环境保护产业协会

适用范围

适用于化工行业燃煤锅炉及硫酸尾气、有色（黑色）冶炼炉窑、钢铁烧结机、火电烟气脱硫。

主要技术内容

一、基本原理

烟气脱硫氨法吸收 SO_2 的原理

$NH_3 + H_2O + SO_2 = NH_4HSO_3$

$2NH_3 + H_2O + SO_2 = (NH_4)_2SO_3$

$(NH_4)_2SO_3 + SO_2 + H_2O = 2NH_4HSO_3$

$2NH_4HSO_3 + 2NH_3 = 2(NH_4)_2SO_3$

亚硫酸铵对 SO_2 有更好地吸收能力，它是氨法中的主要吸收剂。

二、技术关键

SO_2 烟气脱硫直接生产硫酸铵、硫酸钾的一体化工艺及设备；高温非稳态烟气 SO_2 稳定吸收工艺及余热利用技术；研发了 SO_2 吸收液亚盐直接催化氧化生成硫酸铵工艺技术。

典型规模

处理烟气量 200 000～1 300 000 m^3/h。

主要设备及运行管理

一、主要设备

氨法脱硫洗涤吸收塔、氧化塔、蒸发结晶器。

二、运行管理

应用的工程生产以来，环保设施运行正常，生产工况达到设计能力。根据验收监测数据，达到设计要求，脱硫效果好，废气有组织排放能达标排放。

投资效益分析

一、投资情况

以云南云维集团有限公司 5#、6# 锅炉烟气脱硫工程为例：

总投资：2 317 万元。其中，设备投资：1 718 万元。

主体设备寿命：20 年。

运行费用：500 万元/年。

二、经济效益分析

每脱除 1 t SO_2 获得 2.0～2.06 t 硫酸铵，则每脱除 1 t SO_2 和脱硫运行费冲抵后持平或略有盈余。

三、环境效益分析

改善企业所在地区的环境质量，使企业排放 SO_2 满足环境容量要求，并留出了新建项目的环境容量。

技术成果鉴定与鉴定意见

一、组织鉴定单位

云南省科学技术厅。

二、鉴定时间

2008 年 3 月 27 日。

三、鉴定意见

通过鉴定。

推广情况及用户意见

一、推广情况

技术已在不同行业推广应用。

二、用户意见

该技术利用副产氨水作为锅炉烟气 SO_2 的脱硫剂，生产化肥硫酸铵，提高了资源综合利用水平，形成了企业内污染治理与产品生产的产业链。技术稳定可靠。

获奖情况

2009 年国家环境保护科技技术三等奖。

技术服务与联系方式

一、技术服务方式

根据用户需要进行工程设计、设备制造、制作安装、项目 EPC 总承包、设施运营管理；提供技术服务、人员培训。

二、联系方式

联系单位：云南亚太环境工程设计研究有限公司

联 系 人：周锡飞

地　　址：昆明国家高新技术产业开发区科技路 199 号

邮政编码：650051

电　　话：0871-8024998

传　　真：0871-8024992

E-mail & URL：yt20050518@126.com

主要用户名录

云南云维集团有限公司、云南铝业股份有限公司、昆明钢铁控股有限公司、云天化国际化工公司红磷分公司、河北邢台钢铁公司、昆明冶研新材料有限公司、云南云维股份有限公司。

2011-052
项目名称

双回料循环流化床半干法脱硫装置

技术依托单位

吉林安洁环有限公司

推荐部门

吉林省环保产业协会

适用范围

烟气脱硫。

主要技术内容

一、基本原理

燃煤锅炉排出的烟气通过管道进入循环流化床脱硫反应塔的下部文丘里混合段，与此同时，脱硫剂（石灰乳液）也被压缩空气从脱硫剂制备系统输送至此，脱硫剂和脱硫用水被压缩空气雾化，经喷嘴在脱硫反应塔文丘里混合段喉部喷入。烟气、循环物料和脱硫剂在文丘里脱硫段剧烈混合、反应，并以较高速度进入反应塔的上部空间。在反应塔上部，水分瞬间蒸发，气固相间产生很大的滑移速度，强化了传热和传质过程。回料管道将电除尘器（或袋式除尘器）输出的脱硫灰（含有脱硫剂和脱硫产物）用流化风机进行气力输送，部分脱硫灰经反应器底部的引射式喷嘴回送流化床反应塔，使反应器内的固体颗粒平均浓度极大提高，强化了反应塔内的化学反应强度，多余的脱硫灰被排入灰仓进行后续处理。未参加循环的烟气进入电除尘器（或布袋除尘器）除尘，一部分经引风机、烟囱排入大气，另一部分净化后的气体则通过引风机再循环到反应器入口，以此控制流化床反应器内的气速以适应负荷变化。

二、技术关键

1. 不需要回料的重位差，有利于减少建设投资，更适合老电厂的脱硫技术改造；

2. 具有自动清除反应塔底部塌灰的功能；

3. 在前置预电除尘器情况下，能在较短时间建立稳定的循环流化状态，方便运行管理。

主要技术指标及条件

锅炉容量：220 t/h；

脱硫效率：>90%；

钙硫比：1.3；

漏风率：<2%；

负荷适应范围：40%～115%；

脱硫工作温度：75～80℃；

运行阻力：<2 600 Pa。

投资效益分析（300MW 机组）

一、投资情况

总投资：6 000 万元。其中，设备投资：5 500 万元。

运行费用：2 925 万元/年。

二、经济效益分析

运行费用主要为设备本身耗电，直接经济效益为脱硫电价补贴费和少缴纳二氧化硫排污费的总和。在脱硫的同时，可回收粉尘综合利用，增加企业效益和社会效益。

技术服务与联系方式

一、技术服务方式

项目设计、施工。

二、联系方式

联系单位：吉林安洁环保有限公司

联 系 人：孙卫利

地　　址：长春市经济技术开发区自由大路 5188 号

邮政编码：130012

电　　话：0431-85527888 转 8866

传　　真：0431-85527666

2011-053
项目名称

"印染碱性废水" 150 t/h 以内燃煤锅炉二氧化硫与烟尘治理技术

技术依托单位

上海绿澄环保科技有限公司

浙江航民实业集团有限公司

上海市环境保护科学研究院设计所

推荐部门

中国环境保护产业协会脱硫脱硝委员会

适用范围

150 t 以下有碱性废液的地域、燃煤锅炉烟气治理。

主要技术内容

一、基本原理

锅炉产生的烟气经过三电场电除尘器除尘后，由引风机送至脱硫吸收塔，经过预喷淋处理后，在吸收塔内与印染废水逆向接触，烟气中的二氧化硫被吸收，净烟气通过除雾器后由烟囱排放。印染废水的流程为：印染废水经气吹式超细栅网过滤机过滤后，进入 pH 调节池，均匀水质，通过脱硫液循环泵打入吸收塔，经喷嘴雾化后与烟气逆向接触，吸收二氧化硫后的废液流入沉淀池，经沉淀后上清液流入氧化池进行曝气，曝气氧化后的废液进入回流池，排入污水处理厂处理。

二、关键技术

1. 利用印染废水作为脱硫剂来吸收 SO_2，省去了脱硫剂费用，由于钠碱与二氧化硫的反应速度很快，因而可用较小的液气比，达到较高的脱硫率而且作为反应产物的亚硫酸钠或亚硫酸氢钠均具有很好的溶解性，不会形成"结垢"现象。

2. 新型气吹式超细栅网过滤机采用滚动传动装置，外敷 30 目过滤网，在运转时，印染废水中的纤维杂质被拦截，移出水面后，被吹脱进入灰斗，收集作为燃料，经过滤后的印染废水中无硬颗粒物，大大降低了对脱硫液循环系统的磨损和堵塞。

3. 脱硫后的印染废水降低了废水色度，同时降低了废水的 COD 值；省去了废水处理酸碱中和的耗酸量，降低了废水处理费用，以废治废循环经济。

典型规模

75 t/h。

主要技术指标

脱硫效率 95%。

主要设备及运行管理

烟气系统、工艺水系统、脱硫液外循环系统、SO_2 吸收系统、钠碱添加系统、自控系统。

投资效益分析

一、投资情况

总投资：2 000 万元。其中，设备投资：1 300 万元。

运行费用：148 万元/年。

二、经济效益分析

该技术无须购买脱硫剂；同时因脱硫液气比小、系统耗电量降低。脱硫运行费用大大降低，只有石灰石-石膏法运行费用的 20%左右。

三、环境效益分析

利用印染废水脱除二氧化硫，投资省、能耗低、工艺流程简单、便于管理，煤种适应广，可实现"以废治废，变废为宝"。

技术成果鉴定与鉴定意见

一、组织鉴定单位

中国环境科学学会。

二、鉴定时间

2010 年 6 月 27 日。

三、鉴定意见

该项目采用前置电除尘器与印染碱性废水脱硫相结合，并已在 4×75 t/h 循环流化床燃煤锅炉的污染治理工程中得到成功应用。具有工艺流程简单、自动化程度高、投资省、运行稳定且成本低、脱硫除尘效率高等特点，同时也实现了印染废水的预处理，降低了处理成本、自主开发的气吹式超细栅网过滤机可有效去除印染废水中的悬浮物，避免了脱硫系统的堵塞、该项目经杭州市环境监测中心站验收监测，在满负荷运行的情况下，两台脱硫塔的脱硫效率为 96.6%～97.0%；二氧化硫排放浓度为 24～25 mg/m^3，烟尘排放浓度为 10.8～11.9 mg/m^3，优于国家排放标准限值和杭州市有关要求。该项目总体达到了国内领先水平。

推广情况及用户意见

现已分别在浙江航民股份有限公司热电分公司 4×75 t/h 燃煤锅炉烟气脱硫除尘改造工程、杭州航民热电有限公司 7 台 35 t/h 链条炉排锅炉及航民股份有限公司钱江热电分公司 3 台 75 t/h 循环流化床锅炉推广应用。

联系方式

1. 浙江航民实业集团有限公司

地　　址：中国浙江杭州萧山航民村

邮政编码：311241

电　　话：0571-82551588

传　　真：0571-82553288

电子邮箱：zjhm@hangmin.com.cn

网　　址：http://www.hangmin.com.cn

2. 上海绿澄环保科技有限公司

地　　址：上海市青浦工业园区北青公路 8205 号

邮政编码：201707

电　　话：021-59700800

传　　真：021-59701806

E-mail：shlvc@sh-lvc.com

网　　址：http://www.sh-lvc.com

2011-054

项目名称

利用菱镁矿石粉烟气脱硫技术

技术依托单位

中节能六合天融环保科技有限公司

推荐部门

北京市环境保护产业协会

适用范围

钢铁冶炼厂烧结机（球团）烟气脱硫工程、火电厂锅炉烟气脱硫工程。

主要技术内容

湿式镁法烟气脱硫技术是以氧化镁为吸收剂，通过在脱硫吸收塔内的酸碱中和反应、氧化反应以脱除燃煤烟气中的 SO_2、SO_3、HCl、HF 等酸性物质，净化燃煤烟气，并生产硫酸镁的烟气脱硫工艺。烟气自除尘器后的水平主烟道进入脱硫系统，经脱硫段增压风机提升压力后烟气进入吸收塔内，烟气自下而上流动，与从塔内喷淋层喷射向下的吸收浆液逆向接触，污染物溶解并发生中和反应，烟气中的 SO_2、SO_3、HF、HCl 等有害气体被洗涤吸收。脱硫吸收液由吸收循环泵向上输送到喷淋层，通过喷嘴喷向吸收塔内与烟气接触。从高效雾化喷嘴喷出的吸收液在喷淋作用下形成较细的雾状液滴，在塔内产生高效充分的气-液接触。在吸收塔底部的浆液区域，氧化风机供给的空气通过布置在浆液池内的曝气管道与洗涤产物反应，进一步将吸收产生的亚硫酸镁强制氧化生成硫酸镁。吸收塔内的硫酸镁溶液通过硫酸镁排出泵输送至硫酸镁后处理工段，进行蒸发结晶、离心脱水及干燥包装等处理，制备出可直接销售的七水硫酸镁成品。

典型规模

钢铁冶炼厂烧结面积 132 m^2。

主要技术指标及条件

脱硫效率 95%以上，系统可利用率 98%以上，镁硫比 1.03，氧化率 90%以上，硫酸镁品质达到工业级七水硫酸镁标准。

主要设备及运行管理

一、主要设备

FGD 工艺系统主要由烟气系统、SO_2 吸收系统、脱硫剂浆液制备及供应系统、后处理系统、工艺水系统、杂用和仪用压缩空气系统、废水处理系统等组成。

二、运行管理

企业成立有专门的运营部，派驻专业技术人员对业主方技术管理人员进行培训指导。

投资效益分析

总投资：2 290 万元。其中，设备投资：1 325 万元。

主体设备寿命：30 年。

运行费用：379.47 万元/年。

推广情况及用户意见

一、推广情况

目前在山东、河北 10 余家单位进行了推广和工程建设，脱硫装置运行效果良好，副产品七水硫酸镁生产稳定。

二、用户意见

脱硫系统连续稳定运行，且脱硫设备得到及时维护。脱硫副产品品质好，销售价格高。

技术服务与联系方式

一、技术服务方式

公司负责整个工程设计、建设、设备安装、调试、运营一体化综合服务。

二、联系方式

联系单位：中节能六合天融环保科技有限公司

联 系 人：肖杰

地　　址：北京市海淀区西直门北大街 42 号节能大厦 6 层

邮政编码：100082

电　　话：010-62248537

传　　真：010-62248538

E-mail & URL：jie.xiao@talroad.com.cn

www.tailroad.com.cn

主要用户名录

华能辛店电厂、宣化钢铁集团、唐山国丰钢铁有限公司、大唐鲁北发电有限责任公司、山东广富集团有限公司。

HB 型脱硫除尘技术

技术依托单位

湖南高华环保股份有限公司

推荐部门

湖南省环境保护产业协会

适用范围

火电、化工、冶金、有色、建材、轻工各行业的各种工业烟气治理项目。

主要技术内容

一、基本原理

在气动力作用下，烟气受净化塔（主塔）内设置的旋流净化装置导向板控制，以特定的流速、角度和方向旋转上升。与布水装置喷出的碱性吸收液反复旋切、碰撞，使液体适度雾化。液体单位表面积扩大至 2 000 余倍，气、液、固粒子三相间的质量和能量传递显著增强，使有害粒子被雾状碱性液滴吸附，从而提高了吸收液与烟气中的尘粒、SO_2 之间的物理吸收和化学反应强度，经多级净化后有害物质被有效脱除。净化后的湿烟气经主塔体上部的高效脱水除雾系统液气分离后，通过主塔顶部干段区、过梁烟道及附塔。在一系列减速运动中，使烟气中的微量液滴逐级沉降下来，最后干烟气由引风机送入烟囱排空后，迅速抬升扩散。

二、技术关键

1．气液分配合理；

2．液气分离彻底；

3．稀土材料在防护层的应用。

主要技术指标及条件

一、技术指标

（1）液气比 $< 1/m^3$；

（2）钙硫比 1：1；

（3）除尘效率最低按 99.3%，最高按 99.8%设计；

（4）脱硫效率最低按 85%，最高按 98%设计。

二、条件要求

（1）严格控制水量；

（2）严格按操作规程操作。

主要设备及运行管理

一、主要设备

净化塔、旋流气动净化装置、喷淋布水装置、高效脱水除雾系统。

二、运行管理

HB 设备采用计算机跟踪监测液气比、钙硫比及脱硫液 pH 的变化情况。实现了对脱硫剂自动加料、供液量自动调整、氧化空气压力、流量等电气、电子设备的自动化控制。显著降低了操作人员的劳动强度，改善了工作条件，提高了设备运行的稳定性。

投资效益分析（以张家界桑梓电厂 240 t/h 烟气治理项目为例）

一、投资情况

总投资：868 万元。其中，设备投资：668 万元。

主体设备寿命：塔体使用寿命为 30 年以上，塔内装置使用寿命 6 年以上。

运行费用：42.5 万元/年。

二、经济效益分析

738.46 万元/年。

技术服务与联系方式

联系单位：湖南高华环保股份有限公司

联 系 人：李滔

地　　址：湖南省长沙市五一大道 389 号华美欧大厦 802 室

邮政编码：410001

电　　话：0731-84423988

传　　真：0731-84430688

E-mail：litao988@sina.com

2011-058
项目名称

HED 电袋组合除尘器

技术依托单位

北票市波迪机械制造有限公司

推荐部门

辽宁省环境保护产业协会

适用范围

电站、冶金、钢铁、有色金属冶炼、建材、化工等行业的烟气除尘增效改造。

主要技术内容

一、基本原理

该产品有效地结合了静电除尘器和布袋除尘器的优点,一级除尘采用静电除尘器,将含尘气体中的大颗粒粉尘和高浓度粉尘有效收集,大大降低了进入二级布袋除尘器的粉尘浓度,使布袋除尘器的工作负荷及清灰频次都明显降低,从而提高一级布袋除尘器的滤袋使用寿命及脉冲阀使用寿命,有效保障了静电除尘器和布袋除尘器具有相同的检修周期、降低了用户的运行成本,尤其是提高了除尘效率。达到的主要技术指标为:除尘效率≥99.99%,粉尘排放浓度≤10 mg/m³,滤袋使用寿命≥30 000 h。

二、技术关键

1．合理布置除尘器内部通道,并在各通道进出口设置导流板及折流板,实现在线检修功能。

2．通过气流分布模拟实验制定设计方案,保证电除尘区及电除尘区与布袋除尘区之间的气流分布均衡性。

3．采用 3 寸淹没式电磁脉冲阀应用技术,既解决了大型机组除尘器中横向尺寸宽的问题,又可有效地保证清灰效率。

4．选用高品质滤料和脉冲阀,保证设备质量,保证长期高效稳定运行。

典型规模

2×150 MW 机组。

主要技术指标及条件

一、技术指标

处理烟气量:<806 300 m³/h;

烟气温度:<150℃;

除尘器排放浓度:<50 mg/m³;

运行阻力:<1 400 Pa;

滤袋寿命:>30 000 h;

脉冲阀膜片使用寿命:>100 万次。

二、条件要求

高比阻、特殊煤种等烟尘的净化处理。

主要设备及运行管理

一、主要设备

电场阴阳极系统:振打装置、低压脉冲袋除尘区、电场高压电控等。

二、运行管理

该项目于 2009 年 5 月成功运行,各项参数优良,除尘效果显著。该项目使用到现在,运行十分稳定,深受用户好评。

投资效益分析

一、投资情况

总投资:3 000 万元。其中,设备投资:1 500 万元。

主体设备寿命：30 年。

运行费用：150 万元/年。

二、经济效益分析

全年新增产值 1 560 万元。

三、环境效益分析

1. 该产品可实现排放浓度≤10 mg/m^3 的指标，远远低于国家现行环保标准要求（≤50 mg/m^3）。

2. 满足排放要求的情况下，电袋组合除尘器比电除尘器的总投资少，年运行费用更低，符合企业经济发展规律。

技术成果鉴定与鉴定意见

一、组织鉴定单位

市科学技术局。

二、鉴定时间

2006 年 12 月。

三、鉴定意见

国内领先水平。

获奖情况

2007 年 10 月荣获辽宁省优秀新产品三等奖。

技术服务与联系方式

一、技术服务方式

设备安装、调试。

二、联系方式

联系单位：北票市波迪机械制造有限公司

联 系 人：隋月娥

地　　址：北票市桥北街东段 39 号

邮政编码：122100

电　　话：0421-5842395

传　　真：0421-5842395

E-mail & URL：bpbd0808@sina.com

主要用户名录

唐山开滦东方发电有限责任公司、唐山开滦热电有限责任公司。

烧结烟气自洁式新型电除尘技术与设备

技术依托单位

江苏瑞帆环保装备股份有限公司

推荐部门

中国环境保护产业协会袋式除尘委员会

主要技术内容

一、基本原理

项目产品是针对钢铁行业烧结机头烟尘的高温、高压、高比电阻、高黏度、阵发性负荷等治理难度大的特点，利用可变向阳极、双头正反螺旋钢刷清灰及自动检测调节系统等技术研制的新型电除尘设备，主要用于钢铁行业烧结机头烟尘治理，保证烧结机机头粉尘排放浓度≤50 mg/m³。

二、技术关键

1．采用可变向阳极技术替代传统固定阳极电除尘技术，阳极为平板结构，变向回转，其速度随工况变化自动调节，保持电场稳定，利于高效收尘；

2．采用自主研发的双头正反螺旋钢刷清灰技术取代振打清灰技术，彻底清除极板上的粉尘，解决了传统电除尘技术存在的反电晕和二次扬尘问题，避免效率衰减；

3．采用自主研发的板刷间压力自动检测调节系统，自动调节极板的变向运动速度、钢刷的转动速度及板刷间距，保证极板积灰厚度不大于 1.0 mm；

4．采用三相高频高压智能供电技术，改善电场特性，提高电晕密度和粉尘荷电机遇，提高除尘效率，降低能耗。

主要技术指标及条件

1．实现可变向阳极，其运动线速度 0.5～1.5 m/min 可调，并可正反变向；

2．实现双头正反螺旋钢刷清灰，其转动速度在 10～50 r/min 范围内，并通过系统控制自动可调；

3．实现板刷间压力自动检测调节，保证极板表面积灰厚度不大于 1.0 mm。

投资效益分析（以烧结机机头 300 m² 为例）

一、投资情况

总投资：1 200 万元。其中，设备投资：1 000 万元。

运行费用：50 万元/年。

二、经济效益分析

该产品的运用，可提高钢铁企业的烧结机机头粉尘的回收量，并可再利用，从而增加了钢铁企业的经济效益。

技术服务与联系方式

联系单位：江苏瑞帆环保装备股份有限公司

联 系 人：杨兵

地　　　址：江苏省启东经济开发区南苑西路 1 085 号

邮政编码：226200

电　　话：0513-83129220

传　　真：0513-83129228

E-mail & URL：Yangbin6702@163.com

2011-060

项目名称

带 U 型沉降室和内置旁路烟道的脉冲袋式除尘器

技术依托单位

吉林安洁环保有限公司

推荐部门

吉林省环境保护产业协会

适用范围

适用钢铁、建材、电力、有色金属、粮油食品加工等行业的高效袋式除尘。

主要技术内容

一、基本原理

该设备的主要技术原理，采用烟气扩容沉降，突然转弯惯性分离（U 型沉降），均匀布风缓慢上升三个步骤来实现预除尘的目的，从而减少了进入布袋的烟气含尘量，减少了布袋的磨损机会，既提高了除尘器整体除尘效率，同时也增加了布袋的使用寿命。含尘气体进入除尘器后，经集合管分流进入 U 型集合烟道，由于进口压力低（400Pa），气流流速减慢，大颗粒粉尘在重力作用下掉入灰斗内，微细粉尘再进入袋室。随后，小颗粒及微细粉尘随气流通过滤袋，在筛分、惯性、黏附、扩散和静电多种作用下被滤袋捕集。粉尘被吸附在滤袋的外表，被净化的气体则从滤袋内表面排出。经过一定的过滤周期，吸附在滤袋表面的粉尘不断增厚，压差也不断增高，当阻力达到设定值时，压差变压器给出信号，电磁脉冲阀开启，高压空气以极高的速度由喷射口喷出，经文丘里管吹入滤袋，使滤袋急剧膨胀，引起冲击振动，同时产生瞬间反向气流，进行脉冲清灰。吸附在滤袋外表面的粉尘清落在除尘器底部灰斗中，从卸灰口排出，净化后的气体经文丘里管至排气口排出。

二、技术关键

该产品融进了惯性除尘、快速自动旁通、导流喷吹等多项自有专利技术，使设备综合性能得到较大提高。

主要技术指标及条件

处理风量：200 000 m^3/h 以上，

过滤风速：1.0～1.2 m/min；

运行阻力：400～1 200 Pa；

除尘效率：≥99.9%；

漏风率：≤3%；

出口烟尘浓度：≤50 mg/m^3；

清灰压力：0.15～0.25 MPa；

耐压强度：5 000 Pa；

钢耗率：35～22 kg/m^2。

投资效益分析（以 75 t/h 锅炉除尘为例）

一、投资情况

总投资：350 万元。其中，设备投资：210 万元。

运行费用：52 万元/年。

二、经济效益分析

1．由于设备阻力小，可使除尘系统配备的引风机电机功率减小，常年运行可节省大量的电费支出。

2．因该设备有预除尘功能，大大降低了布袋的工作负荷，减少了布袋磨损的机会，使布袋寿命增加，延长布袋的更换周期，为企业降低了设备维护投资。

联系方式

联系单位：吉林安洁环保有限公司

联 系 人：孙卫利

地　　址：长春市经济技术开发区自由大路 5188 号

邮政编码：130012

电　　话：0431-85527888-8866

传　　真：0431-85527666

2011-061
项目名称

LJP 长袋脉冲袋式除尘器

技术依托单位

河南中材环保有限公司

推荐部门

河南省环境保护产业协会

适用范围

水泥、电力、冶金、化工等行业工业除尘。

主要技术内容

一、基本原理

含尘烟气由进气口进入除尘器内，通过滤袋过滤，粉尘附着在滤袋外表面，过滤后的洁净烟气过上净气室由出气口排放到大气；随着过滤的不断进行，除尘器阻力也随之上升，当阻力达到设定值时，清灰控制器向脉冲电磁阀发出信号，脉冲阀动作，把用作清灰的高压逆向气流送入袋内，滤袋迅速鼓胀，并产生强烈抖动，将滤袋外侧的粉尘抖落，达到清灰的目的。

二、技术关键

侧向进风加分布板技术、整体净气箱技术、高精度的花板加工技术、蜗轮蜗杆驱动的进气阀技术、先进的压气管连接器技术。

典型规模

日产 5 000 t 熟料水泥生产线。

主要技术指标及条件

一、技术指标

处理烟气量：120 000～1 600 000 m³/h；

出口排放：≤30 mg/m³；

滤袋使用寿命：3 年。

二、条件要求

允许烟气温度：≤260℃；

允许入口含尘浓度：<1 000 g/m³；

壳体承压：6 000 Pa；

运行阻力：1 470 Pa。

主要设备及运行管理

LJP 长袋脉冲袋式除尘器本体、输灰设备、锁风装置、电控设备。

投资效益分析

一、投资情况

总投资：1 150 万元。其中，设备投资：920 万元。

主体设备寿命：30 年。

运行费用：100 万元/年。

二、经济效益分析

LJP 长袋脉冲袋式除尘器的研发与制造，可形成年产 40 000 t 的生产能力。每年可增加销售收入 2 亿元，扣除生产成本，纳税 1 500 万元，实现净利润为 1 100 万元。

技术成果鉴定与鉴定意见

一、组织鉴定单位

河南省科学技术厅。

二、鉴定时间

2008 年 3 月 15 日。

三、鉴定意见

国际先进水平。

推广情况及用户意见

一、推广情况

LJP 长袋脉冲袋式除尘器先后应用到大地水泥 5 000 t/d 水泥熟料生产线、荥阳天瑞 12 000 t/d 水泥熟料生产线、沙特 RCC、SCC、YCC 10 000 t/d 新型干法水泥生产线、海德堡集团乌克兰 KRYVYRIH 水泥厂除尘系统改造工程等项目中。

二、用户意见

该长袋脉冲除尘器（LJP 长袋脉冲袋式除尘器）在公司的成功应用，充分表明由河南中材环保有限公司自主研发并制造安装的长袋脉冲除尘器技术是先进可靠的，建议推广使用。

获奖情况

2009 年全国建材行业技术革新奖、2010 年国家重点新产品。

技术服务

技术咨询、技术培训、现场服务。

联系方式

联系单位：河南中材环保有限公司

联 系 人：郭相生

地　　　址：河南省平顶山市南环中路南 35 号

邮政编码：467001

电　　话：0375-8888009

传　　真：0375-4945874

E-mail & URL：kbcgxs@tom.com
主要用户名录

中国中材国际工程股份有限公司、海德堡集团乌克兰 KRYVYRIH 水泥厂、法国维卡特公司、河南天瑞集团有限公司、安徽海螺水泥股份有限公司、浙江三狮集团水泥有限公司、济南山水集团有限公司、拉法基瑞安水泥有限公司。

2011-062
项目名称

N-pln 烟气净化过滤器

技术依托单位

洁华控股股份有限公司

推荐部门

浙江省环境保护产业协会

适用范围

电解铝烟气净化。

主要技术内容

一、基本原理

除尘器在排风机启动后启动，在排风机的作用下，高浓度的氧化铝粉尘通过反应器进入吸附反应通道，在此使新鲜氧化铝、含氟氧化铝与烟气充分混合，在极短的时间内完成对氟化氢的吸附，反应后载氟氧化铝粉尘等固体物料与烟气一起进入布袋除尘器进行分离。

烟气首先由管道进入除尘器进风通道，通过进风道中的均流板、进入到除尘器箱体内、随着截面的扩大气流速度降低，使烟气较均匀地通过在箱体内的下降烟道，气流转向下和气流速度的进一步降低，使得粗颗粒粉尘由于惯性沉降直接落入灰斗，细小的粉尘随气流转向进入过滤室，到达滤袋表面，粉尘积附在滤袋表面，过滤后的气体进入上箱体和排风道，经风机排入大气。

二、技术关键

该产品在"文丘里加料器、合理组织气流、采用专用滤料、调整清灰方式、控制清灰强度、提高过滤尘饼的性能"等方面进行了创新，提高了烟气净化效果和粉尘过滤效率。产品采用 PLC 控制，分室压力检测，兼备氟化物排放浓度监测功能。具有烟气处理能力强，漏风率小，排放浓度低的特点。

典型规模

处理烟气量：1 094 100 m/h。

主要技术指标及条件

一、技术指标

1. 产品的处理风量：268 000～2 000 000 m³/h；

2. 产品的过滤风速：<1.2 m/min；

3. 产品允许入口浓度：<150 g/m³；

4. 产品允许烟气温度：≤160℃；

5. 氧化铝排放浓度：≤5 mg/m³·

6. 氟化氢排放浓度：≤1 mg/m³；

7. 产品的设备阻力：1 600～2 200 Pa；

8. 设备漏风率：≤2%。

二、条件要求

1. 除尘器压缩空气压力 0.25～0.3 MPa；

2. 除尘器允许入口温度一般要求小于 160℃。

主要设备及运行管理

一、主要设备

LCMG-Ⅱ580-4×8 高温长袋脉冲除尘器一套。

二、运行管理

采用了先进的 PLC 程序控制器与上位 HMI 人机界面控制，实现了定阻、定时清灰、卸灰、输灰的自动控制，运行管理方便。

投资效益分析

一、投资情况

总投资：860 万元。其中，设备投资：730 万元。

主体设备寿命：15 年。

运行费用：540 万元。

二、经济效益分析

以入口粉尘平均浓度 37.5 g/m³，出口粉尘浓度 2.8 mg/m³ 计。除尘器正常平均风量为 1 100 000 m³/h，可回收氧化铝粉尘 41 t/h，年可回收氧化铝粉尘 28.7 万 t。

三、环境效益分析

N-pln-16 烟气净化过滤器目前已推广应用于年产≤53.6 万 t 电解铝生产线项目的电解铝烟气净化。该除尘器结构合理，性能优良，经测试排放浓度为 2.8 mg/m³，除尘效率达到了 99.99%，取得了很好的环境效益和社会效益。同时也改善了作业场所的环境条件。

技术成果鉴定与鉴定意见

一、组织鉴定单位

浙江联政科技评估中心。

二、鉴定时间

2008 年 12 月 25 日。

三、鉴定意见

国内领先水平。

推广情况

N-pln-16 烟气净化过滤器目前已推广应用于年产 2 万～53.6 万 t 电解铝生产线项目的电解铝烟气净化，其中大部分设备使用都在一年以上，运行非常稳定。

技术服务

可为用户根据实际情况进行技术咨询、项目设计、设备制造、设备安装和售后服务。

联系方式

联系单位：洁华控股股份有限公司

联 系 人：倪成德

地 　 　 址：浙江省海宁市洁华工业区

邮政编码：314419

电 　 　 话：0573-87856888、87855246

传 　 　 真：0573-87855246、87855268

E-mail & URL：xiaguoping@jiehua.com

主要用户名录

福建省南平铝业有限公司，中电投青铜峡迈科铝业有限公司，青海西部水电有限公司，山西兆丰铝冶有限公司，四川省机械设备进出口有限责任公司（阿塞拜疆甘加），广西方元电力股份公司，中铝国际 53.6 万 t 电解铝工程。

2011-063

项目名称

铁路运输扬尘控制技术

技术依托单位

北京精诚博桑科技有限公司

推荐部门

北京市环境保护产业协会

适用范围

节能环保。

主要技术内容

一、基本原理

铁路运输抑尘剂是以土壤团聚理论为基础，开发可使细小颗粒凝结成大胶团，形成膜状结构，达到抑尘目的。

二、技术关键

1. 开发出高效、环境友好型的规模化生产的抑尘材料，此抑尘材料可生物降解，对环境无害；适用于不同的场合目标，可满足多层次的需要。

2. 抑尘剂喷洒参数（配液浓度、控制压力、行车速度、固化时间）及环境适应性研究及配套装备的研制。

主要技术指标及条件

一、技术指标

风蚀率<1%，抑尘层厚度>0.01 m。

二、条件要求

使用环境温度：–45～50℃，环境湿度：≤95%。

主要设备

固定喷洒设备、移动喷洒车。

投资效益分析

一、投资情况

总投资：145万元。其中，设备投资：110.4万元。

主体设备寿命：5年。

运行费用：13.9万元/年。

二、环境效益分析

在铁路运输煤炭的过程中，抑尘剂的使用具有较大的环境效益。可以很好地降低煤尘对铁路沿线周围大气环境的破坏，减少了大气污染对铁路沿线周围居民生活、牲畜生长的影响，改善了铁路沿线周围的环境。同时，降低了粉尘对植物的危害。

获奖情况

第五届中国发明展览会银奖。

联系方式

联系单位：北京精诚博桑科技有限公司

联 系 人：王薇

地　　址：北京市崇文门外大街3号新世界写字楼B座1014室

邮政编码：100062

电　　话：010-68732566

传　　真：010-68732569

URL：http：//www.bosang.com.cn

节能提效型电除尘器高频电源

技术依托单位

南京国电环保设备有限公司

国电科学技术研究院

推荐部门

江苏省环境保护产业协会

适用范围

电力、冶金、建材等行业电除尘器供电系统。

主要技术内容

一、基本原理

电除尘器高频电源是一种利用高频开关技术而形成的逆变式电源，其供电电流由一系列窄脉冲构成。它给电除尘器提供的电压具有从接近纯直流方式到脉动幅度很大的各种电压波形，从而可以根据电除尘器的运行工况选择最合适的电压波形，提高电除尘器的除尘效率。采用高频电源给电除尘器供电，除了可以提高供电效率，节约电能外，同时减少对电网供电环境的影响。另外，高频电源与工频电源相比，还有体积小重量轻等诸多优点。

二、技术关键

1. 高频高压变压器的设计及工艺攻关；

2. 低损耗抗干扰高频逆变器电路结构设计和控制系统研发；

3. 一体化的结构设计；

4. 先进的软件控制模式。

典型规模

600 MW 机组电除尘器高频电源。

主要技术指标及条件

研制了适合 300 WM 机组以上应用的电除尘高频电源，该产品频率 20 kHz，输出电压 72 kV，输出电流 1.2～1.6 A，功率达到 86～115 kW。

投资效益分析（600 MW 机组配套电除尘器供电装置）

一、投资情况

总投资：336 万元。其中，设备投资：326 万元。

主体设备寿命：10 年。

运行费用：250 万元/年。

二、经济效益分析

节电 350 万 kWh/a，节电效益 135 万元/年。

三、环境效益分析

减少烟（粉）尘排放 556 t/a。

技术成果鉴定与鉴定意见

一、组织鉴定单位

中国电机工程学会。

二、鉴定时间

2009 年 6 月 19 日。

三、鉴定意见

国际先进、国内领先水平。

推广情况及用户意见

一、推广情况

HF-01 节能提效型高频电源系列产品已在全国 25 个省（自治区、直辖市）50 多家燃煤发电企业、80 余台 135～1 000 MW 机组上有 1 500 多台高频电源，在国电、华能、华电、申能、国信等电力集团所属的众多电力企业以及台塑集团、邯钢集团等台资企业和冶金企业得到成功应用，取得了很好的节能减排效果。

二、用户意见

在 HF-01 节能提效型电除尘器高频电源系列产品实际应用中，是一种新型的电除尘器供电装置，具有节电、提效、体积小、节约土建成本和电缆用量等特点，它工作稳定、供电平衡、重量轻便，明显优于工频电源，代表了电除尘电源装置最新发展的趋势。

获奖情况

获得国家能源科技进步二等奖、中国电力科学技术二等奖、中国国电集团公司科学进步一等奖。

技术服务

电除尘器高频电源供电系统的技术方案设计，高频电源设备供货、安装、调试及售后服务。

联系方式

联系单位：南京国电环保设备有限公司

联 系 人：薛人杰

地　　址：南京高新技术开发区永锦路 8 号

邮政编码：210061

电　　话：025-68575327

传　　真：025-68575327

E-mail & URL：xuerenjie@sina.cn

2011-066
项目名称

三维非对称微孔结构聚苯硫醚针刺毡

技术依托单位

厦门三维丝环保股份有限公司

推荐部门

福建省环境保护产业协会

适用范围

燃煤电厂、钢铁冶炼、化工领域除尘。

主要技术内容

一、基本原理

以不同细度的聚苯硫醚（PPS）纤维在工作截面呈梯度分布，并在滤料面层引入异形纤维（P84）或超细纤维等，组成三维非对称过滤结构。利用聚酰亚胺纤维独特的异型（叶子型）断面结构提高滤料的过滤表面积，提高滤料的过滤精度，可将微细粉尘阻挡在滤料表层，防止微细粉尘切入滤料深层，降低了滤料压差，从而降低除尘器的运行能耗并提高排放精度。通过一系列的化学后处理，提高了产品的多项性能。

二、技术关键

1. 常规纤维与异型纤维（或超细纤维）复合混纺配方体系的建立及配方的优化；

2. 产品均匀度的控制；

3. 针刺毡成型工艺的确定与优化；

4. 热收缩率的控制。

典型规模

600 MW 机组袋式除尘器。

主要技术指标及条件

应用前粉尘含量 35 834 mg/m^3，应用后粉尘含量 12.5 mg/m^3，去除率 99.97%。

投资效益分析（600MW 机组袋式除尘器）

一、投资情况

总投资：3 796 万元。其中，设备投资：2 635 万元。

运行费用：230 万元/年。

二、经济效益分析

该产品直接节能 80%，综合节能 55%，年节能 1 000 万 kW·h，以 0.5 元/（kW·h）计算，年节约电费 500 万元；减排粉尘量：1 200 t/a，以排污费 300 元/t 计算，年节约排污费 36 万元；综合经济效益达 536 万元/年。

三、环境效益分析

相比其他高温滤料，该复合产品起到了降低滤料压差，降低了除尘器的运行能耗，达到了节能的效果；三维非对称结构的设计，提高了滤料的清灰性能，降低了除尘器出口浓度，达到了减排的效果。

技术成果鉴定与鉴定意见

一、组织鉴定单位

厦门市科学技术局。

二、鉴定时间

2009 年 6 月 30 日。

三、鉴定意见

国际先进水平。

推广情况及用户意见

一、推广情况

该项目产品广泛应用于燃煤电厂、钢铁冶炼、化工等行业。自产品投产以来，应用厂家数达到 77，装置数 133。

二、用户意见

除尘器本体阻力为 1 000～1 600 Pa，除尘器出口的排放浓度为 12.5 mg/m^3，项目整体运行安全平稳。

获奖情况

2009 年厦门市科技进步三等奖、2009 年福建省优秀新产品二等奖、2009 年厦门市优秀新产品一等奖。

联系方式

联系单位：厦门三维丝环保股份有限公司

联 系 人：郑锦森

地　　址：福建省厦门市火炬高新区（翔安）产业区翔岳路 3 号

邮政编码：361101

电　　话：0592-7769773

传　　真：0592-7769763

E-mail & URL：savings@savings.com.cn

2011-067
项目名称

玻纤覆膜滤料

技术依托单位

中材科技股份有限公司

推荐部门

中国环境保护产业协会袋式除尘委员会

适用范围

水泥、钢铁、炭黑等行业袋除尘。

主要技术内容

一、基本原理

覆膜滤料采用聚四氟乙烯原料膨化为一种立体网状结构,表面光滑稳定的微孔薄膜覆合在二维或三维滤料的基材上,形成一种微孔薄膜覆合滤料。滤料在带负荷的工作中,薄膜主要起过滤作用,基材主要起支撑作用,二者是一个有机结合的整体,缺一不可。

二、技术关键

项目技术关键包含 ePTFE 膜制备研究、玻纤基布织物结构研究、玻纤表面处理工艺研究以及覆膜工艺研究。

主要设备及运行管理

项目主要设备包含 ePTFE 膜制备所含打坯机组、压延机组、纵拉及横拉机组;表面处理脱蜡及后处理机组;玻纤织物织造所需膨体纱机、整经机、捻线机、1724 剑杆织机等;覆膜所需高温热压覆膜机组等。

投资效益分析(按照新型干法日产 5 000 t 水泥生产线为例)

一、投资情况

总投资:200 万元。

主体设备寿命:3 年。

运行费用:100 万元/年。

二、经济效益分析

每年可减排 144 t,减排费用约 10 万元/年,节能 67 万元/年。

三、环境效益分析

项目产品用于水泥、炭黑等行业的收尘,满足了这些行业对耐高温、高性能滤料的急需和日趋严格的环境保护要求,实现了以国产代替进口,促进了相关行业的技术进步。

技术成果鉴定与鉴定意见

一、组织鉴定单位

江苏省科技厅。

二、鉴定时间

2009 年 3 月。

三、鉴定意见

国内领先、国际先进水平。

推广情况及用户意见

一、推广情况

项目已经成功推广应用于钢铁、水泥、垃圾焚烧收尘等行业，取得巨大的经济效益。

二、用户意见

自使用中材科技股份有限公司玻纤覆膜滤料以来，使用单位烟气粉尘排放浓度最低达到 10 mg/m³，远低于国家排放要求，使用良好。

技术服务

售后支持。

联系方式

联系单位：中材科技股份有限公司

联 系 人：宋尚军

地　　址：南京江宁科学园彤天路 99 号

邮政编码：211000

电　　话：025-87186888

传　　真：025-87186827

E-mail & URL：songshangjun@fiberglasschina.com

主要用户名录

合肥水泥研究设计院、合肥丰德科技有限公司、河南中材环保有限公司、海宁洁华控股股份有限公司。

2011-070

项目名称

热定型机废气净化及余热回收工艺与设备

技术依托单位

佛山市威力清环保科技有限公司

推荐部门

广东省环境保护产业协会

适用范围

适用于陶瓷行业、发电厂、玻璃厂、纺织印染等产生有热量烟气的行业。

主要技术内容

项目采用冷凝式高压静电处理器，利用阴极在高压电场中发射出来的电子，以及由电子碰撞空气分子而产生的负离子来捕捉烟尘粒子，使烟雾粒子带电，再利用电场的作用，使带电烟雾粒子被阳极所吸附，以达到除烟的目的。烟气在抽风装置风机的作用下，经过热回收降温装置将烟气的温度降到合适的范围内，保证高温易挥发性气体的充分采集，便于后工艺过程的回收。降温后的气体再经喷淋洗涤可以对染整定型机废气有效地进行降温，使油烟冷凝，最后进入冷凝高压静电场的捕捉分离，成为干净的气体然后排出，达到烟气净化的目的。在喷淋洗涤塔中分离出来的液滴、油污被沉积在洗涤塔内壁上，然后汇流到集油槽，通过 U 型保压管排出，统一回收处理。

主要技术指标及条件

净化效率≥95%，适用烟气温度＜200℃。

主要设备及运行管理

一、主要设备

热交换器、喷淋洗涤塔、高压静电处理器、主控制箱、直流高压电源、检修门。

二、运行管理

针对定型机废气治理设备的要求标准：废气治理设备安装后，废气收集率应达到90%以上，总颗粒物的去除率应达到80%，油烟去除率应达到75%，对净化处理后的废水和废油有防治二次污染和回收利用的有效措施。

投资效益分析

项目总投资：380 万元，其中，设备投资：320 万元。运行费用 50 万元/年；主体设备可长久使用，设备维修 3 日/年。

技术成果鉴定与鉴定意见

一、组织鉴定单位

佛山市科技局。

二、鉴定时间

2011 年 6 月 8 日。

三、鉴定意见

国内先进水平。

获奖情况

2010 年国家星火计划项目。

联系方式

联系单位：佛山市威力清环保科技有限公司

联 系 人：汤奔

地　　址：佛山市禅城区张槎一路 119 号 1 座 3 号楼

邮政编码：528051

电　　话：0757-82122919

传　　真：0757-82122626

E-mail：wlqjsb@126.com

2011-071
项目名称

烟草离子洗涤异味处理系统

技术依托单位

上海梅思泰克生态科技有限公司

推荐部门

上海市环境保护产业协会

适用范围

烟草异味处理，污水、垃圾处理异味处理。

主要技术内容

一、基本原理

该技术核心是光氢离子技术，属于高级催化氧化法（APCOP）的范畴，利用高强度的宽波辐光子管发出特定波段能量均衡的光（波长为 100～300 nm），在特定纳米级多种贵金属媒介的催化下生成羟基自由基、气态过氧化氢、氧离子及大量的负离子。这些氧化物质能快速、高效地分解各类有害有毒物质和各种异味，最终还原成水和二氧化碳，还空气清新和洁净。

二、技术关键

1. 异味气体始终不会接触离子发生器，离子发生器无须特别维护；

2. 离子空气与异味废气是垂直流式的充分混合反应，处理效率得到保证；

3. 离子与异味气体在处理箱内停留时间大于 2.0 s，停留时间长，氧化还原反应效率高；

4. 安全系数高，不会产生"爆尘"等不安全现象。

典型规模

处理异味气量：5 000～70 000 m^3/h。

主要技术指标及条件

臭气去除率≥95%；氨去除率≥95%；TVOC 总挥发性有机物去除率≥95%；非甲烷总烃去除率≥90%；臭氧排放＜0.12 mg/m^3。

主要设备及运行管理

一、主要设备

PHT 离子洗涤异味处理装置、离心风机、水泵、电气控制系统、除尘冷却洗涤系统（高温异味配套）。

二、运行管理

配套机械部件（风机、水泵）巡视检查，运行自动化，管理方便，处理效率高。

投资效益分析（重庆卷烟厂）

一、投资情况

总投资：988 万元。其中，设备投资：622 万元。

主体设备寿命：15 年。

运行费用：54 万元/年。

二、环境效益分析

异味处理是主要对烟厂周边空气环境改善及修复，提高厂区工作环境的空气质量。

推广情况及用户意见

一、推广情况

离子洗涤异味处理装置有着良好的推广前景，在烟草卷烟工业、药业制药工业、污水处理、垃圾处理等有污染环境空气的行业中可以充分应用推广，达到《恶臭污染物排放标准》（GB 14554—93）。

二、用户意见

处理效率高、使用方便、操作简单、运行稳定、安全可靠。

技术服务与联系方式

一、技术服务方式

异味处理系统工程设计、制造、安装、调试。

二、联系方式

联系单位：上海梅思泰克生态科技有限公司

联 系 人：庄田

地　　址：上海杨浦区国和路 490 号 1102 室

邮政编码：200433

电　　话：021-65270990

传　　真：021-65270990-1111

E-mail：Tian_zhuang@masteckcorp.com

主要用户名录

合肥卷烟厂、重庆卷烟厂、美吉斯药业（厦门）有限公司、漳州市供排水管理处。

高炉烟气分流捕集并列除尘装置

技术依托单位

沈阳远大环境工程有限公司

推荐部门

辽宁省环境保护产业协会

适用范围

钢铁行业高炉烟气除尘。

主要技术内容

装置将产生的一次烟气集中收集净化，而将间断产生的二次烟气与连续产生但风量小的炉顶上料口烟气混合降温，集中收集净化，并列除尘，工艺流程分布合理，除尘装置运行稳定。

典型规模

5 500 m^3 高炉炉前环境除尘系统工程。

主要技术指标及条件

系统排放烟气中的烟尘含量：≤20 mg/m^3；除尘器阻力：<1 500 Pa；除尘器漏风率：<2%。

主要设备

除尘器、管道、吸尘罩、风机、电机、各种阀门等。

投资效益分析（使用者）

一、投资情况

总投资：4 866 万元。其中，设备投资：3 793 万元。

主体设备寿命：20 年。

运行费用：1 327.5 万元/年。

二、经济效益分析

870.4 万元/年。

三、环境效益分析

系统产生的除尘灰科学系统的收回再利用，除尘灰 100%回收。

联系方式

联系单位：沈阳远大环境工程有限公司

联 系 人：吕涛

地　　址：沈阳经济技术开发区 16 号街 6 号

邮政编码：110027

电　　话：024-25162208

传　　真：024-25162207

E-mail & URL：yuandahuanjing@126.com

2011-073
项目名称

NF-WFD-Ⅱ焊接烟尘净化装置

技术依托单位

江苏南方涂装环保股份有限公司

推荐部门

江苏省环境保护产业协会

适应范围

广泛适用于机械行业中焊接、切割、抛光、打磨工序中产生的烟尘。

主要技术内容

一、基本原理

该装置通过风机引力作用，废尘气体经万向吸罩吸入设备进风口，设备进风口设有阻火器，火花经阻火器即被阻留。烟尘气体进入沉降室，利用重力与上行气流，首先将粗粒尘直接降至灰斗，微粒烟尘被滤筒捕集在外表面，洁净气体经滤筒过滤净化后，由滤筒中心流入洁净室，再通过吸附装置经出风口排出，达到《大气污染物综合排放标准》（GB 16297—1996）中的一级排放标准。

二、技术关键

1．采用万向吸罩；

2．利用重力与上行气流；

3．利用活性炭纤维高效吸附装置。

主要技术指标

初始阻力≤300 Pa；漏风率≤3%；净化效率≥99.5%。

投资效益分析（大连船舶工业公司（集团））

一、投资情况

总投资：786 万元，其中，设备投资：282.4 万元。

设备主要使用寿命：25 年。

运行费用：8.5 万元/年。

二、经济效益分析

直接经济净效益（提高工效 25%）计 66 万元/年，其他经济效益（防护用品、特种行业操作护理费）减少 36 万元/年，合计综合经济效益 102 万元/年，投资回收期 3 年。

三、环境效益

该项目产品能有效去除切割、焊接、抛光、打磨工序中产生的烟尘，保护职工身心健康，改善了工作环境，并能使周围环境免受污染，该设备净化效率较高，无二次污染。

技术成果鉴定与鉴定意见

一、组织鉴定单位

江苏省科学技术厅。

二、鉴定时间

2000 年 12 月。

三、鉴定意见

国内领先水平。

推广情况及用户意见

一、推广情况

项目产品经大连船舶工业公司（集团）、渤海船舶重工有限责任公司、中海工业（江苏）有限公司等单位的使用，效果显著，净化效率能保证在 99%以上，且运行稳定，操作方便。

二、用户意见

从用户单位提供的征求意见书中可以看出，该装置在结构特点、运行费用、提高职工劳动工效等方面具有较高的收益，同时达到了保护环境的目的。

获奖情况

2003 年获国家重点新产品奖。

联系方式

联系单位：江苏南方涂装环保股份有限公司

联 系 人：张志强

地　　　址：江苏省宜兴市徐舍镇振丰东路 92 号

邮政编码：214242

电　　话：0510-7691328

传　　真：0510-7691790

主要用户名录

大连船舶工业公司（集团）、渤海船舶重工有限责任公司、中海工业（江苏）有限公司、南京绿洲机器厂、武昌造船厂。

预混式二次燃烧节能减排技术

技术依托单位

佛山市启迪节能科技有限公司

推荐部门

广东省环境保护产业协会

适用范围

各种工业窑炉。

主要技术内容

一、基本原理

预混式二次燃烧系统是让一部分空气与燃气在预混合腔内进行预混合碰撞，形成含氧的可燃气体后喷出燃烧，二次空气可以调节热气流的射程，同时也可以使未燃尽的燃气完全燃烧。这种燃烧系统可以将空气过剩系数控制在 1.05~1.20 的范围内，具有良好的节能减排效果。

二、技术关键

1. 控制燃料和空气的混合比例；

2. 促进烧成段温度场的均匀分布；

3. 提高燃烧器的寿命；

4. 避免回火。

典型规模

14 条陶瓷辊道窑燃烧系统。

主要技术指标及条件

经过预混式二次燃烧系统优化改造后，可将空气过剩系数控制在 1.05~1.20，并能满足陶瓷的烧成工艺。与传统燃气燃烧器相比，节能率达到 9.5%以上，CO_2、SO_2、NO_x、烟尘排放量也相应减少 9.5%以上，火焰温度提高 15%以上，排烟温度降低 10%左右，排烟总量减少 20%左右，并且减少陶瓷辊道窑的附属设备的电耗 9%以上。

主要设备及运行管理

一、主要设备

预混式二次燃烧系统、烟气分析仪、热成像仪、窑炉温度测量系统、窑炉压力测量系统、燃烧系统加工设备、燃烧系统检测设备等。

二、运行管理

培训员工操作规范，建立维修保养制度。

投资效益分析（使用者）

一、投资情况

总投资：600 万元。其中，设备投资：600 万元。

主体设备寿命：4~5 年。

运行费用：28 万元/年。

二、经济效益分析

根据检测，项目实施后每年节能量为 5 561.49 t 标准煤，折合原煤数约 6 488.41 t，原煤单价按 850 元/t 计算，直接经济效益为 550 万元/年。

三、环境效益分析

在取得经济效益的同时，采用预混式二次燃烧还节能降耗、减少废气的排放，对节能约能源，保护环境上起到良好的作用。

技术成果鉴定与鉴定意见

一、组织鉴定单位

佛山市科学技术局。

二、鉴定时间

2009 年 12 月 24 日。

三、鉴定意见

该项目采用自主知识产权研发的预混式二次燃烧器，结合生产线工艺参数与装备的配套和优化，成功地应用于建筑陶瓷的窑炉烧成。该燃烧器通过二次空气补偿，既提高了火焰温度，又可灵活地调整火焰长度，降低了空气过剩系数，减少燃料消耗，同时减少了窑炉废气及二氧化硫排放量，达到了节能减排的目的。经广州市能源检测研究院检测，节约燃料达 9.59%。项目总体技术达到国内领先水平。

技术服务与联系方式

一、技术服务方式

能源合同管理的运作模式。

二、联系方式

联系单位：佛山市启迪节能科技有限公司

联 系 人：麦振华

地　　址：广东省佛山市南海区西樵镇民乐樵丹路祖仁村路段 128 号

邮政编码：528211

电　　话：0757-86807299

传　　真：0757-86807298

E-mail & URL：salemzh@126.com

　　　　　　　http：//www.fsqd.net.cn

主要用户名录

广东蒙娜丽莎陶瓷有限公司、广东清远蒙娜丽莎建陶有限公司等。

2011-076
项目名称

垃圾焚烧尾气净化系统

技术依托单位

江苏瑞帆环保装备股份有限公司

推荐部门

中国环境保护产业协会袋式除尘委员会

主要技术内容

一、基本原理

项目产品采用生石灰为脱硫介质，生石灰经消化为消石灰细粉，消石灰和活性炭用喷射器送至反应塔，在反应塔和布袋除尘器内反复循环、充分反应，起到脱硫作用，同时脱除 HCL、HF，并利用活性炭的多孔吸附的作用，吸附烟气中氮化合物、二噁英、重金属、飞灰细颗粒等污染物。在反应塔内加入适量的喷雾水，以降低烟气温度和加强混合作用，烟气温度的降低和湿度增加可提高脱硫效率。

布袋除尘器收集的灰从其底部和循环灰槽大部分返回反应塔循环利用，多余的细灰进入小灰仓，再由小灰仓送入灰库，其成分主要为 $CaSO_4$、$CaCO_3$ 等，可再利用建材、填充物等，该系统无二次污染。

二、技术关键

1. 循环流化床干法脱硫工艺技术；

2. 活性炭吸附技术（二噁英、重金属、氮化物脱除技术），高效布袋除尘技术；

3. 一种干式脱硫塔；

4. 高炉煤气干法布袋除尘器双向电磁脉冲喷吹清灰装置；

5. 压力可调式正压气力输送装置；

6. 高速低阻引射喷嘴。

典型规模

垃圾处理量 300 t/d。

主要技术指标及条件

能有效脱除 SO_x、氯化物、氟化物，脱除效率达 90%～99%，对设备腐蚀性较少。

投资效益分析（垃圾处理量 300 t/d）

总投资：600 万元。其中，设备投资：450 万元。

运行费用：160 万元/年。

联系方式

联系单位：江苏瑞帆环保装备股份有限公司

联 系 人：杨兵

地 址：江苏省启东经济开发区南苑西路 1 085 号

邮政编码：226200

电 话：0513-83129220

传 真：0513-83129228

2011-077
项目名称

生活垃圾焚烧烟气处理技术与设备

技术依托单位

无锡雪浪环境科技股份有限公司

推荐部门

城市建设研究院

适用范围

垃圾焚烧发电行业及冶金钢铁行业。

主要技术内容

一、基本原理

该技术为半干法与湿法耦合技术，通过全自动选择性非催化还原（SNCR）脱硝、双回路冷却高速动平衡旋转喷雾、局部负压活性炭喷射、漩流喷淋洗涤以及废水自消化工艺集成等方法，开发出"混合型生活垃圾焚烧烟气净化成套装备"，适用于各种类型垃圾焚烧系统及其他固体废弃物焚烧后的烟气净化，产品排放达到欧盟 2000 标准。

二、技术关键

1. 研发全自动活性炭喷射装置，解决活性炭喷射过程中下料量与输送风的自动匹配调节，进一步降低二噁英排放浓度；

2. 采用氧化法实现挥发性重金属的价态转化，进一步降低重金属汞（Hg）等的排放浓度；

3. 研究半干法与湿法的耦合匹配，实现湿法废水系统自消化，节约水资源；

4. 应用计算机模拟烟气流体动力、脱酸反应化学动力模型控制技术，进一步提高污染物脱除效率；

5. 开发新型飞灰固化螯合剂，实现垃圾焚烧飞灰低毒化和减量化。

6. 自主研发"混合型生活垃圾焚烧烟气净化成套装备"的自动控制系统，优化。

主要设备及运行管理

一、主要设备

干式吸收器、布袋除尘器、反应塔、高速旋转喷雾器、石灰浆装置、刮板输送机、斗提机等。

二、运行管理

实现工程项目负责制，形成了研发设计、生产制造、售后服务综合体工程运行管理模式。

投资效益分析

总投资：3 500 万元，其中，设备投资：1 500 万元。

主体设备寿命：20 年。

运行费用：800 万元/年。

推广情况及用户意见

一、推广情况

该项目技术已在全国 50 多家垃圾焚烧发电厂和冶金钢铁厂应用，烟气排放和灰渣处理达到国际先进标准，减少了二次污染，保护了生态环境，保障人民身体健康，产生了显著的经济效益和社会效益。

二、用户意见

烟气净化系统的炉内脱硝装置，石灰浆制备、旋转喷雾器、反应塔、除尘器和活性炭喷射供应等设备运行正常，系统稳定，烟气脱硫、脱硝、二噁英等烟气污染物排放浓度经第三方检测均达到设计要求。

联系方式

联系单位：无锡雪浪环境科技股份有限公司

联　系　人：邬国良

地　　　址：江苏省无锡市滨湖区太湖街道双新工业园

邮政编码：214125

电　　话：0510-85183412

传　　真：0510-85181088

E-mail & URL：wugl@cecm.com.cn

2011-078
项目名称

生活垃圾焚烧余热锅炉与除尘技术

技术依托单位

创冠环保（中国）有限公司

推荐部门

福建省环境保护产业协会

适用范围

生活垃圾焚烧发电厂。

主要技术内容

该技术通过在烟气通道中设置预除尘装置，能减少烟气中的二噁英、重金属等有害物质，提高余热的热效率，减少烟气净化系统的负荷，延长垃圾焚烧炉的使用时间。

典型规模

400 t/d。

主要技术指标及条件要求

该技术可在烟道中去除烟气中 60% 以上的飞灰，烟气经过除尘器后，飞灰浓度降低至 $0.8 \sim 4$ g/m^3。

主要设备及运行管理

锅炉本体、吹灰系统、余热利用系统、除尘系统。

投资效益分析（以一条线为 400 t/d 处理量为例）

一、投资情况

总投资：1 064 万元。其中，设备投资：850 万元。

运行费用：56.37 万元/年。

二、经济效益分析

对一条 400 t/d 的焚烧线，每天飞灰削减量为 2 160 kg，年削减量为 788.4 t。高污染物含量的飞灰处理成本为 1 500 元/t，而除尘装置出来的飞灰中污染物含量很低，处理成本为 500 元/t，年节省 78.84 万元。

推广情况

目前正在运营项目：创冠环保（晋江）有限公司一期 6 000 t/d，二期 12 000 t/d、创冠环保（安溪）有限公司 600 t/d、创冠环保（惠安）有限公司 7 000 t/d、创冠环保（黄石）有限公司 12 000 t/d。

用户意见

烟气中的飞灰量减少后，减少了后部烟道和各受热面的磨损，延长了余热锅炉受热面和其他附属设备的使用寿命，另使烟气处理系统的布袋除尘器的除尘效率更高，容易控制烟尘的排放量。

联系方式

联系单位：创冠环保（中国）有限公司

联　系　人：邱恺

地　　　址：福建省厦门市思明区湖滨北路 72 号中闽大厦 33 楼

邮政编码：361013

电　　话：13850092607

传　　真：0592-2611196

E-mail & URL: qiukai@cg-ep.com.cn

2011-079
项目名称

危险废物熔渣回转窑焚烧成套设备技术（RZH 型）

技术依托单位

中天环保产业（集团）有限公司

推荐部门

重庆市环境保护产业协会

适用范围

各种固体、半固体、液体、气体可燃危险废物处理。

主要技术内容

一、基本原理

该系统采用高温熔渣焚烧技术对危险废物进行处理。危险废物经贮存、配伍和预处理后，根据形态的不同经进料设备送入核心处理部分熔渣回转窑进行高温焚烧，温度一般控制在 1 000℃以上，回转窑内产生的烟气经窑尾进入二燃室，通过二燃室的燃烧器将燃烧室温度加热到 1 100℃以上（处理 PCBs 时 1 200℃以上），使烟气中的微量有机物及二噁英得以充分分解，分解效率超过 99.99%（处理 PCBs 时 99.999 9%以上），确保进入焚烧系统的危险废物充分燃烧完全；采用急冷、干法脱酸、袋式除尘和湿法脱酸组合方式对烟气进行处理，抑制了二噁英的再生成，同时保证其他排放物达到国家或国际相关标准要求。系统采用耐腐蚀、防结焦的全膜式壁危险废物焚烧余热锅炉，解决了危险废物焚烧余热锅炉中易出现的结焦堵塞、易腐蚀的问题。生成的灰渣和飞灰由专门设备收集，进行直接资源综合利用或填埋。采用电气自控及烟气在线监测系统，提高产品自动化控制水平及工艺的可靠性，且安全可靠，操作强度低。

二、技术关键

熔渣回转窑焚烧技术，耐腐蚀、防结焦的全膜式壁危险废物焚烧余热锅炉，多形态物料组合式上料系统，液体危险废物焚烧用燃烧器及液体危险废物焚烧系统，自吸风自动开启紧急烟囱，水冷刮渣器，组合式尾气高效净化系统，风冷复合端面回转窑窑尾密封装置。

主要技术指标及条件

1. 焚烧炉（回转窑）运行温度：≥850℃

2. 焚烧炉（二次燃烧室）运行温度：≥1 100℃（处理 PCBs 时≥1 200℃）

3. 二次燃烧室烟气停留时间：≥2 s

4. 焚烧效率：≥99.9%

5．焚毁去除率：≥99.99%（处理 PCBs 时≥99.999 9%）

6．焚烧残渣的热灼减率：<5%

7．年运行时间≥7 920 h，设备连续运行时间≥3 960 h

主要设备及运行管理

一、主要设备

整套设备系统包括贮存、配伍和预处理系统、废物进料设备、熔渣回转窑、二燃室、余热锅炉、净化设备（急冷塔、干法脱酸、袋式除尘器和湿法脱酸设备组成）、烟风设备、灰渣飞灰收集设备、电气自控及烟气在线监测系统及辅助设备等。

二、运行管理

该系统自动化程度高、维修量小、便于管理，按照操作规程进行相关操作维护。

投资效益分析（以 48 t/d 为例）

一、投资情况

总投资：4 800 万元。其中，设备投资：4 000 万元。

主体设备寿命：>15 年。

运行费用：1 500 元/t。

二、经济效益分析

年处理危险废物量约为 16 000 t，年直接经济效益可达 730 万元。

三、环境效益分析

每套典型规模的设备可实现年处置危险废物 16 000 t；焚毁效率高，焚毁去除率可达99.99%；尾气净化程度高，污染物控制效率高，排放优于国家标准。

推广情况及用户意见

一、推广情况

产品已成功推广应用于国内 6 个大中型危险废物处置中心，年削减各种类危险废物达66 000 t。

二、用户意见

该技术适应面广、处理效率高、净化效果好、连续运行时间长、自动化程度度高，操作方便。

获奖情况

重庆市高新技术产品。

技术服务

可提供项目的技术咨询、工程设计、设备供货、安装调试、工程总承包、运营管理等各种工程承包与运营业务。

联系方式

联系单位：中天环保产业（集团）有限公司

联 系 人：黄爱军

地　　址：重庆市南岸区南坪白鹤路 43 号

邮政编码：400060

电　　话：023-89020529

传　　真：023-62927979

E-mail & URL: bm_huangaijun@vip.163.com

www.zthb.cn

2011-080
项目名称

污泥碱性稳定干化 SG-MixerDrum®处理技术

技术依托单位

北京中持绿色能源环境技术有限公司

推荐部门

北京市环境保护产业协会

适用范围

各类规模的污水处理厂的污泥处理。

主要技术内容

一、基本原理

污泥碱性稳定干化 SG-MixerDrum®处理技术是将生石灰按一定比例与脱水污泥均匀掺混，形成碱性环境，以及利用反应放出热量形成的高温环境，达到杀菌、降低含水率、钝化重金属及改变污泥性质等作用的污泥处理技术。

二、技术关键

污泥碱性稳定干化工艺考虑的三个因素是：pH、接触时间和石灰用量。整套工艺通过改变工艺参数、运行方式、投碱时间、混合结构、加热、风干和干化等方式，增加工艺处理的多样性和机动性，满足城市污泥处理的需要。

主要技术指标及条件

一、技术指标

反应时间　混合：2～3 min；干燥：15～20 min；

石灰投加量　石灰/污泥的质量比：5%～25%，根据不同的处理途径调整；

出泥含水率　＜60%，堆放两天后进一步降低至 25%～35%；

出泥粒径　80%出泥粒径≤10 mm。

二、条件要求

进泥含水率　＜85%。

主要设备及运行管理

脱水泥饼输送系统，石灰储存、输送及计量投加系统，混合器，推料螺旋，回转窑干燥器，石灰精密投加系统，成品污泥输送系统，除臭系统。

投资效益分析（以廊坊凯发新泉污水处理厂二期项目污泥加钙干化处理工程为例）

一、投资情况

总投资：600 万元。其中，设备投资：550 万元。

主体设备寿命：20 年。

运行费用：165.6 万元/年。

二、经济效益分析

年运行天数：345 d；日运行费用：80 元/t。

三、环境效益分析

该工艺通过自身反应热，能实现污泥含水率的大幅度降低，杀菌率高达 99%以上，同时能够稳定一部分重金属，也实现有机质及营养元素的部分利用。

技术服务

可采用 BOT、EPC、BDO、TOT 等多种服务模式，为客户提供从前期咨询、综合设计、土建施工、设备供货、安装调试、运营管理等一系列的污泥处理技术服务和工程管理服务。

联系方式

联系单位：北京中持绿色能源环境技术有限公司

联 系 人：张晓慧

地　　址：北京市海淀区西小口路 66 号中关村东升科技园 D 区 2 号楼

邮政编码：100192

电　　话：010-82800999

传　　真：010-82800399

E-mail：zhangxiaohui@zchb.net

2011-081
项目名称

城市污水处理厂污泥微波干化技术制造固体燃料

技术依托单位

延吉市三龙环境治理有限公司

推荐部门

延边朝鲜族自治州环保局

适用范围

产品的终端用户为发电厂、城市集中供热公司、需要热能的各工农业生产单位。

主要技术内容

一、基本原理

该工艺是利用微波加热原理对污泥进行干化处理。常规的加热是利用热传导、对流、热辐射将热量首先传递给被加热物的表面，再通过热传导逐步使中心温度升高，需要一定的热传导时间才能使中心部位达到所需的温度。相比而言，微波加热并非从物质材料的表面开始加热，而是微波直接穿透物体内部，与物料的极性分子间相互作用转化为热能，使物料内各部分都在同一瞬间获得热量而升温。因此大幅度降低了加热时间。

二、技术关键

其核心技术是微波干化技术，微波加热可以脱除污泥细胞内的水分，提高污泥的燃烧热量。

典型规模

年生产 2.6 万 t 污泥固体燃料。

主要技术指标及条件

燃烧热＞15.8 MJ/kg。

灰分≤35%。

主要设备及运行管理

一、主要设备

微波污泥脱水机、搅拌机、成型机、运送带、包装机等。

二、运行管理

自动化运行管理。

投资效益分析

总投资：300 万元。其中，设备投资：175 万元。

主体设备寿命：10 年。

运行费用：70 万/年。

技术成果鉴定与鉴定意见

一、组织鉴定单位

吉林省科技厅。

二、鉴定时间

2010 年 4 月 26 日。

三、鉴定意见

国内先进水平。

联系方式

联系单位：延吉市三龙环境治理有限公司

联 系 人：金光华

地　　址：吉林省延吉市新世纪购物广场 1327 室

邮政编码：133000

电　　话：0433-2906606；13904435007（手机）

传　　真：0433-2906606

E-mail & URL：kimguanghua@yahoo.cn

主要用户名录

延边华龙集团、龙井市盛泰热力发展有限公司。

2011-082
项目名称

振动式畜禽粪便固液分离机

技术依托单位

泉州市丰泽华兴建筑机械设备有限公司

推荐部门

福建省环境保护产业协会

适用范围

畜禽粪便固液分离。

主要技术内容

一、基本原理

规模化畜禽养殖业产生的粪便污液污染生态环境，尤其严重污染水资源。该设备将粪渣与污液分离，分离后的粪渣含水率低，利于堆肥发酵或直接袋装运输，不会产生二次污染，综合用于制有机肥、颗粒肥、鱼饵饲料等。

二、技术关键

研究如何提高固液分离率，降低猪场污水处理后的 COD 浓度。

主要技术指标及条件

经分离的固体粪渣含水率小于 60%，对污水悬浮物、有机物的去除率达到 84%。

主要设备及运行管理

振动系统、送料挤压系统与自动冲洗系统。

投资效益分析

产品自 2007 年销售至今，累计销售固液分离机 378 台，销售总收入达 1 838 万元，获税金 123 万元，利润 628 万元，出口创汇 7 万美元。

推广情况及用户意见

一、推广情况

产品在福建省农科院畜牧饲养研究中心、养猪场、龙岩康顺养殖公司、福清市星源畜牧开发公司、福建省农科院农业工程与环境保护研究中心、永春东平隆兴养殖有限公司、南安诗山小五台养猪场已得到推广应用。

二、用户意见

设备容易操作、污水处理能力每小时可达 20 m³，分离后的粪渣可装袋销售，不会产生二次污染，半年内可收回投资；粪便污液分离去渣率达到80%以上，粪渣含水率≤60%，可以降低后续污水处理成本。

联系方式

联系单位：泉州市丰泽华兴建筑机械设备有限公司

联 系 人：苏美章

地　　址：福建省泉州市丰泽区后茂工业区

邮政编码：362000

电　　话：0595-22769779

传　　真：0595-22775165

E-mail & URL：SUJH@21CN.COM

2011-083
项目名称

高寒地区两相厌氧发酵制备沼气技术

技术依托单位

哈尔滨良大实业有限公司

东北农业大学

推荐部门

哈尔滨市环保局

适用范围

畜禽养殖污染物及农业有机废弃物综合治理。

主要技术内容

一、基本原理

沼气发酵又称厌氧发酵，是指有机物质（如人畜家禽粪便、秸秆、杂草等）在一定的水分、温度和厌氧条件下，通过种类繁多、数量巨大，且功能不同的各类微生物的分解代谢，最终形成甲烷和二氧化碳等混合性气体（沼气）的复杂的生物化学过程。目前厌氧发酵的模式大多是使厌氧发酵的各个阶段在同一个发酵罐中完成，根据厌氧发酵三阶段的原理，设计高浓度酸化两相厌氧发酵工艺，使第一阶段与第二阶段在酸化罐中完成，第三阶段在产气罐中完成，产酸与产气罐达到适合其发酵的最佳条件。发酵系统进料浓度可以达到11%以上，酸化前的料液进行固液分离，充分利用原料中可以液化和酸化的成分，提高进料负荷和设备利用率；对难以酸化的固形物成分采用堆肥发酵的方法生产有机肥或生产压块成型燃料，已经达到酸化程度的液体进行产甲烷发酵，液体的黏度降低，有利于产甲烷微生物的传质和传热，提高系统的产气效率，从而实现原料的资源化综合利用效果。

二、技术关键

（1）两相厌氧发酵相分离与控制技术；

（2）寒区沼气工程增温保温技术。

主要技术指标及条件

一、技术指标

厌氧发酵罐内保持恒定温度 35℃±2℃。沼气工程全年容积产气率达到 1.0 $m^3/(m^3 \cdot d)$ 以上。

二、条件要求

每个项目规模为：项目点为规模化畜禽养殖场或集中养殖示范村，养牛场奶牛存栏不少于 1 000 头，消纳沼液农田不小于 6 000 亩，年可利用秸秆 5 000 t，每个项目投资 500 万元，沼气工程和秸秆压块用地 4 000 m^2。

主要设备及运行管理

厌氧发酵罐体、储气膜、沼气发电机、余热回收锅炉、生物质锅炉。

投资效益分析

一、投资情况

总投资：500 万元。其中，设备投资：343 万元。

主体设备寿命：15 年。

年运行费用：19.7 万元。

二、经济效益分析

项目直接经济效益 32.5 万元，综合经济效益 79.7 万元，经过计算投资回收期为 8.73 年。

三、环境效益分析

项目建设的单个大型沼气工程年处理畜禽粪便 8 200 t，处理秸秆 5 000 t，年产沼气 45 万 m^3，有机肥 1 500 t，供气 500 户，供暖 500 户，减少二氧化碳排放 6 870 t。

技术成果鉴定与鉴定意见

一、组织鉴定单位

黑龙江省科技厅。

二、鉴定时间

2010 年 4 月 24 日。

三、鉴定意见

该项目在高寒地区沼气高效生产方面具有创新性，具有较大的推广价值。

技术服务

技术支持、培训和现场指导。

联系方式

联系单位：哈尔滨良大实业有限公司

联 系 人：党金霞

地　　址：哈尔滨市南岗区嵩山路 19 号

邮政编码：150090

电　　话：13204517134

传　　真：0451-82311900

E-mail & URL：ldyfb2008@126.com

2011-084

项目名称

高抗压结构壁玻璃钢整体化粪池

技术依托单位

湖北鼎誉环保科技有限公司

适用范围

在建、改建和拟建的办公楼、住宅楼、宾馆、招待所、餐馆、集贸市场等建筑物的生活污水处理。

主要技术内容

该地埋罐是以玻璃纤维增强不饱和聚酯树脂和高强度玻璃复合材料为主要原料，采用玻璃钢机械缠绕工艺技术和内预置高抗压结构壁支撑环设计。该地埋罐的简体壁厚，封头弦高，内预置高抗压结构壁支撑环的大小和间距采用结构计算机软件进行强度、刚度、韧性优化设计，强度高、防腐性强、耐酸碱。污水进入化粪池，污水中的杂质自动沉淀下来，水质由此达到初级净化。

技术关键

一体化结构壁高抗压增强内壁构造工艺、机械缠绕型玻璃钢简体生产工艺。

投资效益分析

一、投资情况

总投资：18.72 万元。其中，设备投资：18.72 万元。

主体设备寿命：50 年。

无运行费用。

二、经济效益分析

占地面积小，土方工程量比传统砖砌，水泥混凝土结构化粪池少，大大缩短了施工周期，极大地减少了化粪池预算费用的支出。

技术服务

成套设备供应、安装调试和售后服务。

联系方式

联系单位：湖北鼎誉环保科技有限公司

联 系 人：徐刚

地　　址：襄阳市高新区邓城大道 21 号

邮政编码：441000

电　　话：18972208818

传　　真：0710-2838777

主要用户名录

湖北天润投资集团有限公司、中房襄阳公司、襄阳万达广场投资有限公司。

2011-085
项目名称

利用冶金烧结和高炉对铬渣进行无害化处理技术

技术依托单位

重庆瑞帆再生资源开发有限公司

推荐部门

重庆市环境保护产业协会

适用范围

铬渣无害化彻底处理。

主要技术内容

一、基本原理

该项目利用铬渣和冶金除尘灰，采用密闭系统和二次成球技术等多项技术集成，在不改变烧结工艺的前提下，在烧结过程中利用球核内部形成的还原气氛对铬渣进行有效解毒，同时消除了生产过程中铬渣和冶金除尘灰带来的二次污染。

二、技术关键

技术关键是在烧结生产线上不改变原有工艺的前提下，用无数个小球内核的还原气氛小环境来实现铬渣的彻底解毒处理及资源综合利用。

主要技术指标及条件

该技术产品形成的烧结矿六价铬含量小于 3×10^{-6}，符合国家标准要求。

主要设备及运行管理

一、主要设备

铬渣原材料准备集成系统、中央监视管理控制集成系统、流态化物料混匀配制集成系统、密闭成核制造集成系统、预覆裹处理集成系统、二次成球制造集成系统、活性还原复合粘接集成系统、工业辅助设施及装置。

二、运行管理

相关的生产过程实行政府监管和企业自身生产管理相结合，企业生产过程中采用中央监视管理控制集成系统统一管理，严格质量和工序要求，按标准的各项管理制度进行管理。

投资效益分析

一、投资情况

每年处理 1 万 t 铬渣，同时处理 4 万 t 冶金除尘灰，即生产产能为每年 5 万 t 的规模，需投资 1 600 万元。

二、经济效益分析

铬渣被无害化处理后，可替代冶炼原料，可产生 366.38 元/t 的经济价值。

三、环境效益分析

能有效解决铬渣污染问题。

科技成果鉴定

一、组织鉴定单位

重庆市科学技术委员会。

二、鉴定时间

2011 年 7 月 29 日。

三、鉴定意见

国内领先水平。

获奖情况

2011 年"重庆市重点新产品"。

技术服务

由技术依托单位提供技术、设计、施工等工作，进行工业化生产。

联系方式

联系单位：重庆瑞帆再生资源开发有限公司

联 系 人：李秉正

地　　址：重庆市大渡口区钢花路 8 号

邮政编码：400084

电　　话：023-68876139

传　　真：023-68876650

E-mail：ary451@126.com

网　　址：http://www.cqruifan.com

废弃电路板及含重金属污泥（渣）的微生物法
金属回收工艺和成套设备

技术依托单位

 惠州市雄越保环科技有限公司

推荐部门

 中国环境保护产业协会水污染治理委员会

适用范围

 废弃电路板和含重金属污泥（渣）。

主要技术内容

 一、技术原理

 该技术研发出微生物法浸出废弃 PCB、含重金属污泥（渣）中金属的成套装置，通过采用"微生物浸取—分离—萃取—反萃—电解"工艺，有效地回收废弃 PCB、污泥（渣）中 Cu 等金属，实现萃余液的循环利用，解决了化学法回收含金属污泥（渣）中金属时产生的大量酸洗废液问题。

 二、技术关键

 1. 高效浸出废 PCB、含重金属污泥（渣）中金属菌种的筛选和驯化；

 2. 废 PCB、含重金属污泥（渣）微生物浸出设备及工艺研究；

 3. 微生物浸出液中有色及贵金属的分离、富集、纯化。

典型规模

 1 000 t/a。

主要技术指标及条件

 一、技术指标

 微生物法回收 PCB、含重金属污泥（渣）的产业化工艺运行需要，金属回收率达 98% 以上。

 二、条件要求

 浸取槽中浸取液的温度要求保持在 25～28℃。

主要设备及运行管理

 发酵罐、粉碎机、浸取槽、风机、萃取-反萃设备、电解设备。

投资效益分析

 总投资：850 万元（设计处理规模：1 000 t/d）。其中，设备投资：320 万元。

主体设备寿命：10 年。

运行费用：180 万元/年。

技术成果鉴定与鉴定意见

一、组织鉴定单位

广东省科学技术厅。

二、鉴定时间

2010 年 1 月 11 日。

三、鉴定意见

国内领先水平。

推广情况

已建成 3 家废旧电路板及含重金属污泥（渣）微生物法回收重金属生产线。总设计处理能力为 3 000 t/a。

联系方式

联系单位：惠州市雄越保环科技有限公司

联 系 人：周娅萍

地　　址：广东省惠州市东平大道 49 号东晖城建大厦 A 栋五楼

邮政编码：516001

电　　话：0752-2253192

传　　真：0752-2358361

E-mail & URL：xy_zyp70@163.com

2011-088
项目名称

多功能钢铁表面处理液

技术依托单位

北京中科惠众科技发展有限责任公司

适用范围

钢铁制件在涂装前的预处理。

主要技术内容

利用药液的有效化学成分和钢铁的氧化物（包括氧化皮）进行化学反应，彻底清除表面锈蚀及油垢。工件表面在除油除锈后在干燥过程中一次形成磷化钝化膜，并可替代底漆。

主要技术指标及条件

固体含量≥30%，干膜厚度 2～20 μm。

主要设备及运行管理

水净化设备，搅拌设备，罐装设备。

投资效益分析

总投资：1 000 万元。其中，设备投资：300 万元。

主体设备寿命：10 年。

运行费用：500 万元/年。

联系方式

联系单位：北京中科惠众科技发展有限责任公司

联 系 人：何国萍

地　　　址：北京市朝阳区大屯路风林绿洲 7 号楼 3A

邮政编码：100101

电　　话：010-64865597

传　　真：010-64861796

E-mail & URL：apple_he@sohu.com

2011-089
项目名称

WY 钢铁发黑剂

技术依托单位

山西津津化工有限公司

推荐部门

山西省环境保护产业协会

适用范围

钢铁材质零部件的表面发黑与防腐蚀应用。

主要技术内容

WY 型钢铁发黑剂主要是代替传统钢铁工件的碱性煮黑工序，起到表面发黑、防腐防锈、美观和装饰作用。该产品采用高分子复合材料，具有热氧化和热聚合的双重功效，利用接枝和复合方法对原来发黑剂树脂进行改性，新型的复合树脂在发黑过程中形成互穿网络型的交联结构，增强了发黑膜的强度和附着力及致密性，使得发黑膜的抗腐蚀性能有了很大的提高。新型发黑剂在生产细化方面采用新型的双锥磨与高剪切乳化等设备，增加了细度和分散性，使发黑后的工件表面形成的保护膜更致密更优异，不但防腐蚀能力提高，而且发黑数量也增加了 30%以上，每吨发黑剂可处理 500～700 t 钢铁工件。

推广情况

用户遍及国内 30 个省市区的近 1 000 个单位，年销售量已达 1 000 t；并且，已在越南、马来西亚、印度尼西亚、伊朗等地应用。

获奖情况

2003 年获山西省科技进步二等奖。

联系方式

联系单位：山西津津化工有限公司

联 系 人：柴卓 柴斌

地　　址：山西省河津市城区学府路东段

邮政编码：043300

电　　话：0359-5105618

传　　真：0359-5105628

E-mail：gtfhj350@yeah.net

主要用户名录

宁波金鼎紧固件有限公司、宁波东港紧固件制造有限公司、太原市恒力标准件有限公司、邯郸立功高强度紧固件有限公司。

2011-090
项目名称

SB 双博多功能钢铁表面处理剂

技术依托单位

武汉双博新技术有限公司

推荐部门

武汉市环境保护产业协会

适用范围

碳钢、锰钢、不锈钢、铝合金、铸铁、铜等金属的处理与防护。

主要技术内容

一、基本原理

该铁表面处理剂与三氧化二铁、氧化亚铁、四氧化三铁发生化学反应，生成不溶于水的盐，这种盐就构成了一种与钢铁和油漆附着力极强的保护膜，因而起到除锈、防锈的作用。

二、技术关键

产品在除锈过程中对钢铁工件本身无腐蚀。经处理后的钢铁工件不需要再作清水冲洗等附加处理。待干燥后即可直接进行喷漆、烘（烤）漆、静电喷塑等涂装。

主要技术指标及条件

固体含量：≥30%；干膜厚度：2～20 μm；常温处理。

主要设备

搅拌罐。

投资效益分析

一、投资情况

总投资：500 万元。其中，设备投资：260 万元。

主题设备寿命：10 年。

运行费用：240 万元/年。

二、经济效益分析

该产品替代传统底漆、替代酸洗，减少排放物，提高生产效率。

三、环境效益分析

不含强酸强碱，不含重金属成分，不含亚硝酸钠等有毒物质。

联系方式

联系单位：武汉双博新技术有限公司

联 系 人：周玲

地　　址：武汉市洪山区卓刀泉路 366 号武汉工程大学科技孵化器大楼

邮政编码：430073

电　　话：027-87053999

传　　真：027-87440897

主要用户名录

首都航天机械公司、武汉格瑞特激光有限公司、王军钢制家具厂、中石油兰州炼油厂、湖北晨光石化设备有限公司。

2011-091
项目名称

清洁镀金新材料：一水合柠檬酸一钾二（丙二腈合金（Ⅰ））

技术依托单位

三门峡恒生科技研发有限公司

推荐部门

中国环境保护产业协会循环经济专业委员会

适用范围

电镀行业清洁生产。

主要技术内容

该项目主要是从源头削减剧毒氰化物的使用，产品柠檬酸金钾可取代剧毒氰化亚金钾用于镀金行业，从源头上减少了氰化物的使用和排放，达到节能减排的效果。

推广情况

已建成年产 50 t 一水合柠檬酸一钾二（丙二腈合金（Ⅰ））规模生产线。

联系方式

联系单位：三门峡恒生科技研发有限公司

联 系 人：张群刚

地　　　址：河南省三门峡市经济开发区分陕路

邮政编码：472000

电　　　话：0398-2898662

E-mail & URL：hengshengkej@163.com

2011-092
项目名称

有机污染土壤复合式物化与生物处理装置

技术依托单位

中环循（北京）环境技术中心

推荐部门

中国环境保护产业协会循环经济专业委员会

适用范围

有机污染土壤原位通风修复、有机污染土壤物化与生物修复、有机污染土壤异位通风修复。

主要技术内容

一、基本原理

首先通过抽气系统对土壤有机污染物进行分离抽取，再将含有有机污染物的气体送入气液分离系统，去除颗粒物和多余的水分，气体通过余热利用交换装置和尾气净化系统，实现废气的达标排放，最终达到去除污染土壤中的污染物、不产生二次污染的目的。

二、技术关键

（1）通风抽气效果比其他同类技术强 20%；

（2）气液分离能力强，有效去除土壤的水分和其他杂质；

（3）污染气体焚烧效率高，去除率达到 100%。

典型规模

60 000 m³，占地面积 30 000 m²。

主要技术指标及条件

一、技术指标

能源消耗与同类技术相比最低；污染物焚毁率为 100%；土壤污染物去除率 96%以上，达到国家住宅用地土壤质量标准。

二、条件要求

处理装置适用于处理修复挥发性有机物污染的土壤、生物堆通风、SVE 井下通风等。设备均为移动式，可根据项目场地要求灵活调整位置，并可采用普通供电或柴油发电机供电，防风防雨，适用于野外工作环境。

主要设备及运行管理

一、主要设备

整套装置由通风抽气设备和废气焚烧设备组成。通风抽气设备由抽气系统、气液分离系统组成。废气焚烧设备主要由尾气净化系统组成。

二、运行管理

整套装置可根据运行条件设置自动化运行，但需要定时巡查，确保设备各部分运转正常。可以根据净化进程监测结果随时调整设备的自动运行参数，实现最经济和最优化运行。

投资效益分析

一、投资情况

总投资：2 400 万元。其中，设备投资：1 000 万元。

主体设备寿命：20 年。

运行费用：200 万元/年。

二、经济效益分析

综合经济效益 9 480 万元/年；直接经济净效益 3 000 万元/年；投资回收年限 0.34 年。

三、环境效益分析

该技术对有机污染土壤进行修复，并可防止造成二次污染，减少环境纠纷问题；可以作为工程规模应用，运行工艺全自动化，可实现商业化应用；并且具有能耗低和资源的可再生利用，处理工艺简单、工程和运行费用低、处理时间短、处理效率高等特点，具有良好的经济效益和社会效益。

推广情况及用户意见

装置的运行结果表明，土壤污染物去除率达到项目设计要求，且与同类技术相比，经济效益最高，投资回收年限短。

联系方式

联系单位：中环循（北京）环境技术中心

联 系 人：李东明

地 址：北京市朝阳区阜通东大街 6 号方恒国际中心 A 座 2803 室

邮政编码：100102

电　　话：010-84783339

传　　真：010-84783248

E-mail & URL：dmli@esdchina.com.cn

2011-093

项目名称

CS 高次团粒混合纤维法在脆弱生态区域的植被恢复技术

技术依托单位

　　湖南双胜生态环保有限公司

推荐部门

　　湖南省环境保护产业协会

适用范围

　　植被薄弱区生态修复。

主要技术内容

　　一、基本原理

　　高次团粒混合纤维法生态恢复技术是在遵循自然形成规律的原则上，用特殊的设备、材料、施工工艺人工制造出具有高次团粒结构的植物生长基质，原理是黏性土壤成为泥浆后，一边加入土壤一级粒子和链状的超高分子及空气使其进行混合反应，一边使具有黏着性的植物纤维交积在一起，依靠土壤一级粒子和超高分子的离子结合，建造出模拟具有高次团粒结构的自然界表土形式的植物生长基质，提供植物根系生长的良好环境，并根据自然法则在丘陵地区采用以乔、灌植物种子为主的多物种植物种子实行播种快速绿化。

　　二、技术关键

　　通过建造具有团粒结构耐侵蚀的基盘，进行播种实行快速绿化，促进植物迁移，快速恢复生态系统。

投资效益分析

　　一、投资情况

　　每平方米 100～150 元的投资。

　　二、经济效益分析

　　植被恢复和景观的形成会产生明显的经济效益。

　　三、环境效益分析

　　对当地植被和生态系统起到保护作用。

技术成果鉴定与鉴定意见

一、组织鉴定单位

湖南省环境保护局。

二、鉴定时间

2007 年 9 月 30 日。

三、鉴定意见

国内领先水平。

获奖情况

获得 2008 年湖南省科学进步二等奖。

技术服务

从设计到施工以及施工后的工作提供全套服务及技术指导合作方式。

联系方式

联系单位：湖南双胜生态环保有限公司

联 系 人：刘文胜

地　　址：湖南省长沙市雨花区洞井同升湖山庄 5-403

邮政编码：417000

电　　话：0731-85069269

传　　真：0731-88232031

E-mail & URL：www.hnssst@126.com

2011-095
项目名称

分子键合 TM 重金属污染修复技术

技术依托单位

盛世绍普（天津）环保科技有限公司

推荐部门

天津市环境保护产业协会

适用范围

土壤污染修复。

主要技术内容

一、基本原理

化学稳定法是治理重金属污染的一种方法，其一般原理是通过向污染物中加入化学稳定剂，使之与污染物发生化学反应，使重金属转化为稳定的形态而丧失毒性。分子键合稳定剂是一种重金属稳定剂，并主要应用于土壤及固体废物的处理，它可以完全地和存在于污染物中的以不稳定的形式存在的重金属反应，生成多种重金属的矿石晶体，等同于将重金属转化为其在自然界中存在形式中的最稳定的化合物，从而丧失毒性和迁移性，并有效切断污染暴露途径。

二、技术关键

1. 可以有效修复多种介质中的重金属污染，其适用的 pH 值宽泛，在环境 pH2～13 的范围都可以使用。

2. 修复产生可长期稳定存在的化合物，即使长时间在酸性环境下也不会释放出金属离子，保证污染治理效果长期可靠。

典型规模

500 t/d 土壤，每年持续运行 300 d。

主要技术指标及条件

污染物含水率：30%～50%；

污染物粒径：小于 60 mm；

反应环境 pH：2～13；

稳定剂添加量（w/w）：0.1%～5%。

投资效益分析（使用者）

一、投资情况

总投资：8 000 万元。其中，设备投资：500 万元。

主体设备寿命：20 年左右。

运行费用：500 元/t。

二、环境效益分析

降低重金属毒性和迁移性的同时，避免二次污染，避免农作物遭到污染，保护食品安全。

联系方式

联系单位：盛世绍普（天津）环保科技有限公司

联 系 人：李真子

地　　址：北京市宣武区广安门外大街 168 号朗琴国际商务大厦 A 座 1005 室

邮政编码：100055

电　　话：010-83065212

传　　真：010-83065213

E-mail & URL：jessicali@land-smart.net

2011-096
项目名称

有机物料包装容器的化学清洗工艺技术

技术依托单位

国环危险废物处置工程技术（天津）有限公司

适用范围

有机物料包装容器的化学清洗工艺技术。

主要技术内容

一、基本原理

工业上所使用的液体原料和制成的成品大部分以桶为包装单位，桶使用后被闲置和废弃，残余物的泄漏和挥发会对环境造成污染。根据以上情况，该技术采用性质不同的清洗剂进行配制，采用两级桶清洗设备，对废弃桶进行清洗回用。

二、技术关键

1. 根据污染桶残存物料的性质，结合清洗剂的实际情况，经多次反复大量实验，研制出实用性广，性态稳定的配方技术。配制成复合型清洗剂。

2. 采用活性炭吸附技术去除挥发的清洗剂。

3. 通过安装冷却系统，降低清洗剂的温度，从而减少挥发，保证清洗剂在 25℃以下工作。

主要技术指标及条件

清洗污染桶时，复合清洗剂平均消耗量为：0.75kg/桶。

主要设备及运行管理

一、主要设备

"一级"桶清洗设备、"二级"桶清洗设备、蒸馏系统、清洗剂冷却系统、清洗剂挥发吸收系统。

二、运行管理

根据实际情况，可采用连续或间歇式操作运行方式。

投资效益分析

一、投资情况

总投资：300 万元。其中，设备投资：119 万元。

运行费用：940 万元。

二、经济效益分析

总投资 300 万元，运行费用 940 万元，每年清洗销售 20 万个桶，直接经济效益 84.1

万元。

三、环境效益分析

污染桶经过清洗，可以再利用，清洗剂使用复合型清洗剂，使用后通过蒸馏、配置等，循环使用，降低了清洗剂的使用量。

联系方式

一、技术服务方式

项目总包、提供各种设备。

二、联系方式

联系单位：国环危险废物处置工程技术（天津）有限公司

联 系 人：伉沛崧

地 址：天津市津南区北闸口镇二八公路 69 号

邮政编码：300350

电 话：022-28569868 13752195910

传 真：022-28569822

E-mail & URL：kangpeisong@hejiaveolia-es.cn

主要用户名录

天津合佳威立雅环境服务有限公司。

2011-097
项目名称

YX-HMS 灰霾监测预警系统

技术依托单位

宇星科技发展（深圳）有限公司

推荐部门

广东省环境保护产业协会

适用范围

对灰霾天气的预测预警。

主要技术内容

一、基本原理

该系统由采样预处理单元、分析单元、控制单元、数据采集处理与传输单元、校准单元、气象单元等组成。系统可对自然及人为产生的气溶胶进行分类描述，对粉尘的传播路径进行大范围的追踪监测，可对大气湿度进行垂直及水平方向的扫描分析，能够自动记录大气对流程的活动，实现对整个地区空气质量模式的预测，可对城市和工业区的空气质量

150

进行水平绘图，实现对污染源的探测，可对污染的空气进行三维空间的追踪，实现对灰霾天气的预测预警。

二、技术关键

该系统的技术关键在于灰霾大气成分的自动化监测、实时数据处理技术的研发、预警计算机推演系统的开发。

主要设备及运行管理

一、主要设备

VOCs、有机碳、元素碳、气溶胶粒径、黑炭、UV 辐射计等灰霾监测专用仪器。

二、运行管理

YX-HMS 灰霾监测预警系统是一套无人值守、24 h 工作的连续监控系统，能远程监控主要设备运行状况，并形成报表和历史趋势图，达到及时掌握各区域灰霾情况、监督各个地区空气污染情况等。

投资效益分析

总投资：300 万～400 万元。其中，设备投资：250 万～350 万元。

运行费用：20 万～35 万元/年。

推广情况及用户意见

一、推广情况

该产品已在我国几个城市实施应用，得到用户的好评。

二、用户意见

该系统运行稳定，能够及时掌握区域空气中灰霾质量状况，通过建立灰霾预警监测站有利于对灰霾天气污染事故的监测和及时预警预报，保障人民群众的生活环境安全。

联系方式

联系单位：宇星科技发展（深圳）有限公司

地　　址：广东省深圳市南山区高新技术产业园北区清华信息港 B 座 3 楼

邮政编码：518057

电　　话：0755-26030926

传　　真：0755-26030929

2011-098
项目名称

YX-AQMS 环境空气质量自动监测系统

技术依托单位

宇星科技发展（深圳）有限公司

推荐部门

广东省环境保护产业协会

适用范围

大气质量监测。

主要技术内容

一、基本原理

该系统以空气常规因子指标及其某些特定项目为基础，以在线自动分析仪器为核心，运用现代传感器技术、自动测量技术、自动控制技术、计算机应用技术以及相关的专用分析软件和通信网络所组成的综合性的空气质量自动监测体统。可以实现空气的实时连续监测和远程监控，达到及时掌握主要空气质量状况。为地区性的空气污染状况提供理论依据。

整个监测站系统由采样预处理单元、分析单元、控制单元、数据采集处理与传输单元、零空气系统、动态校准仪、气象仪（温度、湿度、气压、风速、风向）、标气、仪器柜、系统软件、空调系统等组成。站房建设根据业主需求另行确定。

二、技术关键

TPR 除露采样技术、内零式减噪节能技术、PM_{10} 同位消差降限技术。

主要设备及运行管理

一、主要设备

SO_2 监测仪、NO_x 监测仪、CO 监测仪、PM_{10} 监测仪、O_3 监测仪等。

二、运行管理

无人值守、24 h 工作。

投资效益分析

一、投资情况

根据不同监测因子配置不同，一般情况下：总投资：70 万元，其中，设备投资：50 万元；主体设备寿命：6 年；运行费用：5 万/年。

二、环境效益分析

通过 YX-AQMS 环境空气质量自动监测系统对环境空气质量的监测，及时掌握空气质量，最终通过降低污染源的排放，实施节能减排，改善环境质量。

推广情况及用户意见

一、推广情况

该产品已在我国湖南、江西、河北、辽宁等省应用，得到用户的一致好评。

二、用户意见

该系统符合国家对城市环境空气自动监测系统的各项技术指标要求，国产化程度高，可替代同类进口产品，是开展城市环境空气自动监测的理想仪器。

获奖情况

2010 年广东省高新技术产品。

联系方式

联系单位：宇星科技发展（深圳）有限公司

地　　址：广东省深圳市南山区高新技术产业园北区清华信息港 B 座 3 楼
邮政编码：518057
电　　话：0755-26030926
传　　真：0755-26030929

2011-099
项目名称

YX 系列重金属水质在线监测系统

技术依托单位

宇星科技发展（深圳）有限公司

推荐部门

广东省环境保护产业协会

适用范围

地表水、工业废水、生活污水等水体中重金属污染指标的在线监测。

主要技术内容

一、基本原理

YX 系列重金属水质在线监测系统基于比色法原理。利用重金属离子对特定波长的光选择性吸收的特点，在一定的酸碱环境下，样品与加入的显色剂反应生成有色络合物，形成的显色络合物在一特定波长处光吸收度呈现峰值状态，然后通过仪器的光电部分检测到特定波长处吸光度，根据标定的线性关系，通过换算即可获得水体中被测重金属离子的浓度。同时，根据客户需求，通过增加相应的消解装置，实现重金属总量的浓度测量。

二、技术关键

两次比色色差补偿技术、防腐蚀负压吸入技术、缓冲液屏蔽剂和定比例添加技术、可控微量化学反应技术、高容纳性取样放堵塞技术。

主要技术指标及条件

系统量程测定范围：Cu、Zn、Mn、Cd、Cr（0～10 mg/L），Pb、As（0～50 mg/L）。

工作环境要求：温度 5～40℃；湿度≤90%（不结露）。

主要设备及运行管理

系统由免维护采样系统、免接触式试剂驱动系统、多通阀及毛细管路系统、反应器、光度法测量系统、自动控制和数据处理系统等组成。

投资效益分析

一、投资情况

总投资：50 万～100 万元（根据监测因子不同而不同）。其中，设备投资占总投资 75%

左右。

主体设备寿命：10 年。

运行费用：5 万～15 万元/年（根据监测因子、分析仪不同而不同）。

二、环境效益分析

该系统能对江河流域及工厂排污口、水库等水质进行实时监测，加强对集中水源地的防护为环保部门执法提供真实可靠的数据。

联系方式

联系单位：宇星科技发展（深圳）有限公司

地　　址：广东省深圳市南山区高新技术产业园北区清华信息港 B 座 3 楼

邮政编码：518057

电　　话：0755-26030926

传　　真：0755-26030929

2011-101
项目名称

FAMS-100 汽油车简易瞬态工况排放分析系统

技术依托单位

佛山分析仪有限公司

推荐部门

中国环境保护产业协会

适用范围

适用于环保部门、汽车制造企业等对车辆维修、机动车审验、路检和科研等汽车尾气排放的检测。

主要技术内容

一、基本原理

该系统将车辆置于底盘测功机上，车辆按规定车速在底盘测功机上"行驶"。驱动轮带动滚筒转动，滚筒并非处于自身无阻力可旋转状态，底盘测功机会按照检测标准事先设定向滚筒、最终向驱动轮施加一定的负荷，来模拟汽车道路行驶阻力。车辆按照 3 次完整的怠速、加速、等速、减速过程行驶，克服一定的阻力，走完试验工况，同时测量各种尾气排放物的总质量。

二、技术关键

（1）尾气分析仪测量准确、快捷，测量精度达到国际标准 OIML R99 和 ISO 3930 中的 0 类（Class 0）仪器要求，具有取样气路反吹清洗系统、瓶装零气入口、背景气入口等功能。

（2）底盘测功机采用高频率的 ARM 单片机进行车速、制动力的数据采集和制动力的 PWM 控制，缩短制动力变化的响应时间，从而保证对加载的准确控制。

（3）计算机控制系统集工况检测所涉及设备的调试检测于一体，具有双怠速检测功能和稳态工况测试功能。

主要技术指标及条件

满足《点燃式发动机汽车排气污染物排放限值及测量方法（双怠速法及简易工况法）》（GD 18285 2005）。

主要设备及运行管理

一、主要设备

FCDM-100 底盘测功机（ϕ216）、FAMS-100 汽油车简易瞬态工况排放分析仪、工控计算机。

二、运行管理

采用 FAMS-100 汽油车简易瞬态工况排放分析系统可建立规范、公正、严明的检测体系，一体化网络管理；可建立机动车检测数据库，由专业检测机构提供网络化数据服务；可保证检测结果的真实性和可靠性。

投资效益分析

总投资：165 万元。其中，设备投资：20 万元。

主体设备寿命：10 年以上。

运行费用：105 万元/年。

联系方式

联系单位：佛山分析仪有限公司

联 系 人：麻照明

地　　址：广东省佛山市禅城区港口路 16 号

邮政编码：528041

电　　话：0757-83834097

传　　真：0757-83829033

E-mail & URL：fofen@fofen.com

2011-102
项目名称

FASM-5000E 汽油车稳态加载工况测试系统

技术依托单位

佛山分析仪有限公司

推荐部门

中国环境保护产业协会

适用范围

适用于环保部门、汽车制造企业等对车辆维修、机动车审验、路检和科研等汽车尾气排放的检测。

主要技术内容

一、基本原理

该系统是将车辆置于底盘测功机上，车辆按规定车速在底盘测功机上"行驶"。驱动轮带动滚筒转动，滚筒并非处于自身无阻力可旋转状态，底盘测功机会按照检测标准事先设定向滚筒、最终向驱动轮施加一定的负荷，来模拟汽车道路行驶阻力。检测车辆按照 ASM 5025 和 ASM 2540 等速行驶，克服一定的阻力，走完试验工况，同时测量污染物排放的体积浓度数值。

二、技术关键

（1）尾气分析仪测量准确、快捷，测量精度达到国际标准 OIML R99 和 ISO 3930 中的 0 类（Class 0）仪器要求，具有取样气路反吹清洗系统、瓶装零气入口、背景气入口等功能。

（2）底盘测功机采用高频率的 ARM 单片机进行车速、制动力的数据采集和制动力的 PWM 控制，缩短制动力变化的响应时间，从而保证对加载的准确控制。

（3）计算机控制系统集工况检测所涉及设备的调试检测于一体，具有双怠速检测功能。

主要技术指标及条件

满足《点燃式发动机汽车排气污染物排放限值及测量方法（双怠速法及简易工况法）》（GB 18285—2005）。

主要设备

FCDM-100 底盘测功机（ϕ216）、FASM-5000 五组分汽车排气分析仪、工控计算机。

投资效益分析

总投资：165 万元。其中，设备投资：20 万元。

主体设备寿命：10 年以上。

运行费用：105 万元/年。

联系方式

联系单位：佛山分析仪有限公司

联 系 人：麻照明

地　　址：广东省佛山市禅城区港口路 16 号

邮政编码：528041

电　　话：0757-83834097

传　　真：0757-83829033

E-mail & URL：fofen@fofen.com

2011-103
项目名称

刷卡排污自动控制技术

技术依托单位

杭州富铭环境科技有限公司

推荐部门

浙江省环保产业协会

适用范围

污染源监测。

主要技术内容

一、基本原理

该系统采用先进的现代信息网络技术、自动控制技术、在线监控分析仪器仪表等，实时采集辖区内所有排污口监测基站的现场各类数据信息，通过 ADSL/GPRS/CDMA 等多种通信方式，自动传送到监控中心计算机管理平台中。管理指挥中心主要由数据接收、处理和发布等系统组成，具有远程诊断、反控操作、设备故障报警、排污超标自动报警、统计分析、报表生成、信息显示与查询、动态 GIS 管理、突发性污染事故预警、查询系统、Web 信息发布系统等各种监测监控管理功能，支持并可与地表水、空气质量环境在线监控系统、接警处理系统、办公自动化平台对接，实现多参数、连续、快速在线自动监测、监控的网络化管理。

二、技术关键

该系统依托现代信息网络技术，建设具有智能感知能力、高性能计算能力、海量数据存储能力、海量数据挖掘能力和智能数据可视化能力的高性能智慧型环保信息采集和处理平台；构建获取污染源事件发生、进行和发展规律的智慧型环保监控体系；形成从污染源的预测、预警、保护决策辅助直到应急联动的全程智慧化信息工作流程；形成集污染源监测监控中心、执法中心、数据交换与共享中心、应急指挥中心、办公中心和教育展示中心于一体的智慧环保综合管理系统。

典型规模

1 200 万元。

主要设备及运行管理

自动采样预处理设备、高低浓度复杂工业废水 COD 在线监测仪、NH_3-N 氨氮在线监测仪、pH/温度流量在线监测仪、数据采集控制器、反控系统、刷卡排污自动控制系统。

投资效益分析

总投资：200 万元。其中，设备投资：3 万元/点。

运行费用：3.5 万元/点。

软件开发：10 万元。

主体设备寿命：10 年。

运行费用：300 万元/年。

推广情况及用户意见

一、推广情况

已在绍兴等地安装运营。

二、用户意见

运行良好。

联系方式

联系单位：杭州富铭环境科技有限公司

联 系 人：施泉

地　　　址：浙江省杭州市滨江区伟业路 1 号

邮政编码：310053

电　　话：0571-56697065

传　　真：0571-56697026

E-mail & URL：sq@fmhk.net

主要用户名录

宁波开发区热电有限公司、浙江嘉奥环保科技有限公司。

2010-S-01
工程名称

印染废水膜法循环回用工程

工程所属单位

盛虹集团有限公司

技术依托单位

厦门市威士邦膜科技有限公司

厦门绿邦膜技术有限公司

推荐部门

福建省环境保护产业协会

工程分析

项目工程包括两个部分：一是日处理 2 万 t 的生化处理系统；二是双膜法废水深度处理及回用系统，含 SMF 系统和 HAPRO 系统。

一、工艺路线

1. 生化处理系统工艺流程

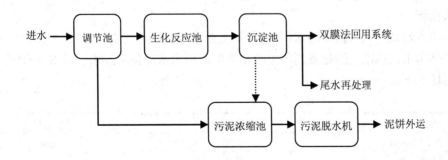

2. 双膜法废水深度处理及回用系统工艺流程

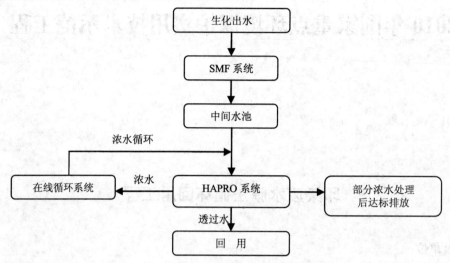

注："浓水循环"即"浓水在线增压回流"。

二、关键技术

项目的关键技术是"SMF＋HAPRO"双膜处理技术，其中 SMF 是基于"一种中空纤维多孔膜过滤组件"而集成的高效浸没式超滤工艺技术，而 HAPRO（High Anti-pollution Reverse Osmosis）是一项短流程、大通量、抗污染型节能高效反渗透膜处理工艺技术。

根据印染工业废水的水质特点，设计了特定的处理工艺。将 SMF 处理系统和 HAPRO 处理系统组合起来，同时设计控制系统、清洗系统等，从而形成一整套的印染废水膜处理系统。由于采用了新型的超滤膜组件和反渗透膜处理系统，采用了新的工艺技术，整套系统运行稳定、自动化程度高、操作管理方便。

工程规模

印染废水量 20 000 t/d，其中生化法处理量 20 000 t/d，膜系统处理量 10 000 t/d，回收水量为 8 000 t/d。工程总占地面积 20 000 m²。

主要技术指标

系统出水水质达到《城市污水再生利用 工业用水水质》（GB/T 19923—2005）中关于工艺与产品用水的标准，满足盛虹印染的印染生产用水水质指标要求，回用水系统出水主要水质指标见下表：

水质项目	出水指标	再生水标准
COD_{Cr}/（mg/L）	＜20	60
色度/度	≤10	30
pH 值	6.5～8.5	6.5～8.5
SS/（mg/L）	≤10	—
硬度（以 $CaCO_3$ 计）/（mg/L）	＜100	450
透明度	＞30	—

主要设备及运行管理

一、主要设备

工程的主要设备包括 SMF 系统、HAPRO 系统、清洗系统、自动控制系统。

二、运行管理

系统设备大都采用自动化控制，运行简单，操作方便，日常管理也较为简便。

工程运行情况

自 2008 年 2 月竣工运行以来，运行情况良好，出水水质优良而稳定。工程质量良好，各处理设施均正常运行。

经济效益分析

一、投资费用

整个印染废水中水回用工程总投资 3 630 万元，其中，设备投资 1 627 万元。

二、运行费用

整个工程的年运行费用为 1 055.4 万元，其中生化、物化处理系统运行费用为 551.2 万元，膜处理系统 504.2 万元。

三、效益分析

该项目每年节省的废水处理费用、自来水费用和电费总计 1 442.8 万元，每年的废水生化处理系统成本费用为 551.2 万元，膜法废水循环回用系统成本费用为 504.2 万元，扣除成本费用后，项目每年还可产生 229.4 万元的经济效益，经济效益显著。

环境效益分析

1. 每年减少排放污水 292 万 m^3。削减 COD 292 t/a，氨氮 29.2 t/a，总磷 2.92 t/a。减轻了对周边水环境的影响，改善了该区域的生态环境。

2. 该项目采用膜技术深度处理印染废水生化处理出水，产水可以回用。使企业在增产、扩容的同时不会增加排污量。

工程验收

一、组织验收单位

吴江市环境保护局。

二、验收时间

2008 年 6 月 18 日。

三、验收意见

项目回用水水质 pH、COD_{Cr}、SS、色度、总磷、总氮、氨氮七项指标均达到《城镇污水处理污染物排放标准》（GB 18918—2002）表 1 一级 A 标准。同意验收。

获奖情况

2009 年福建省先进环保实用技术、中国纺织工业协会科技进步奖三等奖，2010 年国家重点环境保护实用技术。

联系方式

1. 联系单位：厦门市威士邦膜科技有限公司

联 系 人：俞海桥

地　　址：厦门市火炬高新区（翔安）产业区翔岳路 17 号

邮政编码：361101

电　　话：0592-3166787

传　　真：0592-3166766

E-mail：haiqiao@visbe.cn

2. 联系单位：厦门绿邦膜技术有限公司

联 系 人：江良涌

地　　址：厦门火炬高新区（翔安）产业区翔岳路 17 号

邮政编码：361101

电　　话：0592-3218068

传　　真：0592-3166755

E-mail：jlyong@visbe.cn

2010-S-02

工程名称

4S-MBR 技术处理南昌市礼步湖排污口污水及湖水补给工程

工程所属单位

江西金达莱环保研发中心有限公司

技术依托单位

江西金达莱环保研发中心有限公司

推荐部门

江西省环境保护产业协会

工程分析

一、工艺路线

工艺路线图如下：

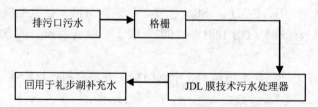

排污口污水收集后，通过格栅去除较大悬浮物进入 JDL 膜技术污水处理器内。污染物在生物反应区中的高浓度兼性微生物作用下分解，出水进入 JDL-膜技术污水处理器清水区并就近回用于礼步湖作为补充水。

二、关键技术

工程采用达到国际先进水平的 4S-MBR 技术，可实现：污水污泥同步处理，基本不排出有机剩余污泥；污水处理及回用同步，出水回用于礼步湖补充水；脱氮除磷同步处理，实现气化除磷，打破了必须通过排泥除磷的理念；低能耗与高效同步，节省运行能耗。

工程规模

处理水量为 200 m^3/d。

主要技术指标

出水可稳定优于《城市污水再生利用 城市杂用水水质》（GB/T 18920—2002）标准，氨氮小于 5 mg/L，COD_{Cr} 小于 30 mg/L，年节约新鲜水资源消耗 7.2 万 t/a。

主要设备及运行管理

主要设备包括：提升泵、JDL 膜技术污水处理器、PLC 自动控制系统。

运行管理情况：设备采用 PLC 及 GPRS 远程监控，无人值守。

工程运行情况

整个系统运行管理方便，实现无人值守，运转有序，保证了出水稳定达标排放及回用。

经济效益分析

一、投资费用

项目总投资：80 万元，其中，设备投资：80 万元。

二、运行费用

系统年运行费用为 2.16 万元/年。

三、效益分析

项目经济净效益为 15.70 万元/年，投资回收期为 5.1 年。

环境效益分析

年节约新鲜水资源消耗 7.2 万 t/a，减少 COD 排放约 19 440 kg/a，减少 TN 排放量 1 080 kg/a，减少氨氮排放 540 kg/a，环境效益显著，在减少了污染物的排放同时节约了大量水资源。

获奖情况

2007 年国家重点新产品、2008 年科技部火炬计划项目。

联系方式

联系单位：江西金达莱环保研发中心有限公司

联 系 人：杨圣云

地 址：江西省南昌市新建县长堎外商投资工业区工业大道 459 号

邮政编码：330100

电 话：0971-3775028

传 真：0791-3775060

E-mail：yangshengyun@jdlhb.com

瑞昌市城市污水处理厂（一期）BOT 项目

工程所属单位

瑞昌市投资有限责任公司

技术依托单位

深圳市金达莱环保股份有限公司

推荐部门

广东省环保产业协会

工程分析

该工程关键技术如下：

1. 改良型氧化沟工艺：污水处理采用以改良型氧化沟为核心的处理工艺。在 Carrousel 氧化沟前增设厌氧池，在沟体内增设缺氧区，形成改良型氧化沟，具备生物脱氮除磷功能。改良型氧化沟采用了独特的水力构造，可以取消由好氧池至缺氧池的混合液回流设备。因而节约用于混合流回流的能耗。

2. 膜技术污水处理器：回用水处理方面采用膜技术污水处理器，它是一种新型的膜生物反应器。一方面，膜截留了反应池中的微生物，使池中的活性污泥浓度大大增加，达到很高的水平，使降解污水的生化反应进行得更迅速更彻底；另一方面，由于膜的高过滤精度，保证了出水清澈透明，得到高质量的产水。

3. 污泥处理系统：它实际上是一种新型的膜生物反应器，采用自主筛选和培养的高效微生物菌群，该菌群繁殖世代周期长，污泥增值速率相比常规好氧膜生物反应器工艺大为降低；系统中有机污泥处于高度内源呼吸相，有机污泥自身消化与增值达到动态平衡，新增细胞速率等于代谢速率，有机污泥净产率为零，实现了有机污泥近零排放。

工程规模

该项目总体设计规模 50 000 m³/d，一期规模为 25 000 m³/d。

主要设备及运行管理

该污水处理系统采用了自动化程度高的 PLC 自动控制系统，运行管理方便。

工程运行情况

该污水处理厂自投入使用以来，运行情况良好，管理操作规范有序，运行记录健全，出水可稳定达标。

经济效益分析

一、投资费用

工程总投资：3 842 万元，设备投资：1 625 万元。

二、运行费用

吨水处理费用约为 0.746 元，年运行费用约 1 089.16 万元。

三、效益分析

经济净效益为 359.16 万元/年，投资回报年限为 10.16 年。

环境效益分析

项目实施后，实现污染物削减量 COD 1 752 t/a，BOD_5 1 051.2 t/a，氨氮 119.72 t/a，总磷 11.388 t/a。

工程验收

一、组织验收单位

江西省环境保护厅。

二、验收时间

2009 年 12 月。

三、验收意见

同意验收。

联系方式

联系单位：深圳市金达莱环保股份有限公司

联 系 人：张彬

地　　址：深圳市南山区南山大道 1175 号新绿岛大厦 15 层

邮政编码：518052

电　　话：0755-26050015

传　　真：0755-26050024

E-mail：jdlhb@jdlhb.com

2010-S-04
工程名称

新型氨性蚀刻液循环再生系统

工程所属单位

深圳市洁驰科技有限公司

推荐部门

中国环境保护产业协会水污染治理委员会

工程分析

一、工艺路线

该项目采用溶剂萃取-膜处理-电积还原法对蚀刻废液进行再生处理，首先，利用萃取剂对蚀刻液中的铜离子进行萃取，实现铜的无损分离，萃取液经膜处理、组分调节，恢复其蚀刻性能后，全部返回蚀刻生产线使用，最后利用电解法对反萃取后的电解液进行电积，得到高附加值的副产品——阴极铜，其工艺过程主要包括蚀刻液的闭路循环、电解液的闭路循环、萃取剂的闭路循环、油相洗水的闭路循环。

二、关键技术

1. 采用无损分离工艺回收铜，不破坏蚀刻液原有的组成成分，使蚀刻液得以完全回用，使蚀刻生产线成为废物零排放的清洁生产线。

2. 采用多级错层补偿萃取工艺，设备占地面积小，效率高，废液中铜含量可在 1～150 g/L 范围内无级调整，蚀刻液产量在 30～300 t/月范围内无需更换设备和增加设备占地面积。

3. 选用适于氨性蚀刻液的高效萃取剂，萃取过程平衡速度快、分离效果好、处理量大、成本低、操作易连续自动化且安全方便。

4. 工艺流程实现过程物料闭路循环，使氨性蚀刻液得以回用的同时不产生新的污染源。

5. 针对再生蚀刻液开发了相对应的配方，不仅实现了蚀刻液的完全回用，而且保证了蚀刻的速度和产品质量。

6. 研制了萃取膜处理——反萃系统和电积设备，并配套了洗水循环处理工艺设备、阳极气体处理设备、萃取剂活性黏土处理工艺、电解液活性炭处理工艺等，并把它们很好地整合在一起，不仅实现了蚀刻生产线的零排放，而且其本身也实现了清洁生产。

工程规模

700 t/月的蚀刻废液处理量，87 t/月的标准阴极铜回收量。

主要技术指标

1. 蚀刻液回用率（废液处理率）：100%；

2. 再生蚀刻液合格率：100%；

3. 阴极电解铜：含铜 99.95%以上。

工程运行情况

自工程竣工投产以来，系统运行一直正常稳定，累积处理蚀刻废液 7 700 t，实现了近 7 700 t 蚀刻液的回用，同时回收标准阴极铜 960 t。

经济效益分析

一、投资费用

总投资：2 240 万元，其中，设备投资：1 650 万元。

运行费用：1 150 万元/年。

二、效益分析

2 200 万元/年。

环境效益分析

一年可减少 7 700 t 废水的排放。

联系方式

联系单位：深圳市洁驰科技有限公司

联 系 人：苏琬云

地　　　址：深圳市宝安区 3 区中粮地产集团中心 15 楼 1、2 室

邮政编码：518101

电　　话：0755-27785959

传　　真：0755-27784949

E-mail：jech@szjech.net

2010-S-05

工程名称

水口山有色金属集团第四冶炼厂重金属废水电化学处理工程

工程所属单位

水口山有色金属集团

技术依托单位

长沙华时捷环保科技发展有限公司

推荐部门

湖南省环境保护产业协会

工程分析

一、技术原理

电化学处理系统通过给反应器中多块钢板加直流电，在钢板之间产生电场，使待处理的水流入钢板的空隙。在该电场中，通电的钢板会有一部分被消耗而进入水中。电场中的离子与非离子污染物被通电，并与电场中电离的产物以及消耗进入水中的钢板发生反应。电解过程中，一般可简单描述为产生四种效应，即电解氧化、电解还原、电解絮凝和电解气浮。在此过程中，各种离子相互作用的结果，通常是以其最稳定的形式结合成固体颗粒，从水中沉淀出来。

二、关键技术

1. 采用电化学方法，对进水参数（pH、电导率、温度、氨氮含量等）进行合理控制，通过实验找到各参数的最佳组合方式，并对电化学设备结构进行关键性的改进和进水方式进行优化解决了传统的电化学技术处理规模小、应用范围小的局限。

2. 自主研发了一种自动控制系统，将水处理的药剂添加过程和控制部分整合，实现对水处理全过程的数字化控制。

工程规模

4 200 t/d。

主要设备及运行管理

工程运行管理采用自动控制系统,通过中控室进行各种参数设置和监控污水处理情况,实现了工程管理的信息化。

工程运行情况

工程自 2008 年 10 月开始运行,2009 年 3 月 27 日通过验收,废水排放合格率达 100%,各项监测指标均低于设计值,其中最关键指标镉为 0.1 μg,远低于国家标准 100 μg。年重金属污染物减排回收量:总镉 5.76 t,总铅 7.20 t,总砷 11.52 t,总锌 403.20 t。

经济效益分析

一、投资费用

1 390 万元。

二、运行费用

0.7～0.9 元/t。

三、效益分析

每年企业可回收:总镉 5.76 t,总铅 7.20 t,总砷 11.52 t,总锌 403.20 t,产生经济效益为 1 200.96 万元。

环境效益分析

为湘江流域重金属污染综合整治、保证湘江水质安全发挥了重要作用。

工程验收

一、组织验收单位

湖南省环境保护厅。

二、验收时间

2009 年 3 月 27 日。

三、验收意见

出水水质中 Pb、Cd、Zn、As 指标优于《污水综合排放标准》(GB 9897—1996)一级标准,可有效减少重金属排放,改善了湘江水环境。同意验收。

获奖情况

2009 年湖南省节能减排重大科技示范工程。

联系方式

联系单位:长沙华时捷环保科技发展有限公司

联 系 人:罗艾东　姜华

地　　址:长沙高新技术产业开发区留学生博士创业园

邮政编码:410013

电　　话:0731-88805869,88807789

传　　真:0731-84140180

E-mail：cshsj999@163.com

2010-S-06
工程名称

特种膜法纯化再利用牛仔布丝光废碱液工程

工程所属单位

开平奔达纺织集团

技术依托单位

广州中科建禹水处理技术有限公司

推荐部门

广东省环境保护产业协会

工程分析

一、工艺路线

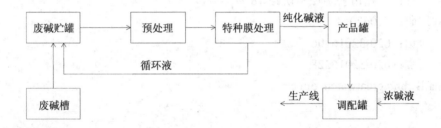

二、关键技术

通过收集色织牛仔布丝光废水中的高浓度废碱液，经过合适的预处理，除去废碱液中的纤维、不溶性颗粒，达到进纳滤膜处理的澄清度，然后经高压泵送入纳滤膜进行脱色和除去二价盐及二价以上盐，达到对废碱液纯化的目的，纯化后的碱液经过和商品原碱进行调配处理，重新返回丝光生产线循环再利用。

工程规模

日回收利用含碱污水 50 t。

主要技术指标

1. 经过改性的膜材料制作的膜元件切割分子量控制在 150～400 u，耐受碱浓度达到 25%，测试耐受碱（25%）寿命达 3 年。膜通量 10～20 L/（$m^2 \cdot h$）。

2. 系统膜面积 300 m^2，日处理废碱液 50 t。

3. 回收的废碱液基本无色透明，回收率达到 80%。

主要设备及运行管理

样板工程经过长达一年的运行，产碱质量达标，设备运行稳定，客户反映良好。

经济效益分析

一、投资费用

120 万元。

二、运行费用

75 万元/年。

环境效益分析

工程使企业直接减少排放污水中含碱量，相应减少处理污水纳投酸量及酸碱中和后生成盐的总量，年削减无机盐的生成 1 000 t 以上。

工程验收

一、组织验收单位

开平市环境保护局。

二、验收意见

同意验收。

联系方式

联系单位：广州中科建禹水处理技术有限公司

联 系 人：陈少娟

地　　址：广州市科学城科研路 18 号

邮政编码：510670

电　　话：020-32016106

传　　真：020-32016228

E-mail：hr@greatwater.com.cn

2010-S-08
工程名称

4 000 t/d 制革废水高效微生物＋膜技术处理及回用工程

工程所属单位

兴业皮革科技股份有限公司

技术依托单位

福建微水环保技术有限公司

推荐部门

福建省环境保护产业协会

工程分析

一、工艺路线

该项目针对兴业皮革生产废水 COD 高、氨氮高、水量大的特点，采用了传统的物化处理系统与高效微生物处理系统相结合的技术方式，即首先采用沉淀-气浮的手段实现废水中大颗粒物质的分离去除，降低废水的 COD 和浊度，随后采用 A/O 生化系统重点去除水中的氨氮，并进一步降低水中 COD 浓度，后续出水除外排以外，还可通过深度过滤系统实现废水的深度回用。

二、关键技术

Microwater 高效微生物处理系统，由于其食物链完整，所以具有泥龄长（可达到 150 d 以上）的特点，因此采用 Microwater 高效微生物的 A/O 系统能够使硝化菌在生物系统中形成优势菌，从而保证较常规 A/O 系统有更好、更彻底的脱氮效果。

工程规模

4 000 t/d 污水处理量。

主要技术指标

兴业皮革的生产废水具有 COD 高、氨氮高、水量大的特点，原有 SBR 处理系统难以实现废水中氨氮及 COD 的高效去除，原有 SBR 系统对 COD 的去除效率在 90% 左右，而采用微水的设计流程后，COD 去除率达到 96%，氨氮的去除率达到了 98%。此外，新采用的深度处理系统更实现了大部分废水的回用，实现了企业的节能减排。

工程运行情况

工程运行正常，出水水质各项指标稳定达标。

经济效益分析

一、投资费用

总投资：1 250 万元，其中，设备投资：360 万元。

二、运行费用

521 万元/年。

三、效益分析

每年可节省用水费用 105 万元。

环境效益分析

年削减 COD_{Cr} 5 760 t、氨氮 353.8 t、总铬 22.8 t。

联系方式

联系单位：福建微水环保技术有限公司

联 系 人：舒建峰

地　　址：福州市鼓楼区温泉豪园 8#802

邮政编码：350002

电　　话：0591-87118718

传　　真：0591-87118728

E-mail：microwater2015@gmail.com

2010-S-09
工程名称

"双膜法"焦化废水深度处理回用工程

工程所属单位

开滦中润煤化工有限公司

技术依托单位

北京桑德环境工程有限公司

推荐部门

北京市环境保护产业协会

工程分析

一、工艺路线

预处理工艺采用混凝沉淀＋砂滤的工艺，用于去除水中的大部分悬浮物和部分有机物等；主体工艺采用"超滤＋反渗透/纳滤"的双膜法的处理工艺，利用超滤膜微孔过滤的特性作为反渗透/纳滤的预处理，去除废水中的胶体、少量的矿物油和部分有机物等，以达到反渗透/纳滤的进水要求，另外超滤和砂滤反洗水经过混凝沉淀后，重新进入系统，使超滤和砂滤系统回收率接近 100%。

二、关键技术

经过特殊设计的纳滤系统可以大大减轻膜的污染，并可以提高纳滤系统的回收率。

工程规模

280 t/h。

主要技术指标

该系统预处理工艺采用"混凝沉淀＋砂滤"的工艺，主体工艺采用"超滤＋反渗透/纳滤"的双膜法处理工艺，系统回收率可达 90%～95%，运行费用（包括药剂费、水电费、膜折旧费、人工费等）约为 2.5 元/t 水，出水水质可达《污水再生利用工程设计规范》（GB 50335—2002）规定的工业循化冷却水水质标准。相对于传统工艺回收率高，运行费用低、出水水质好，运行稳定。

经济效益分析

一、投资费用

2 600 万元。

二、运行费用

113 万元/年。

172

三、效益分析

252 m³/h 产水代替自来水用在循环冷却水上，以工业用水 5 元/t 计算，每年可为公司节省成本 1 103.76 万元。

联系方式

联系单位：北京桑德环境工程有限公司

联　系　人：莫耀华

地　　　址：北京市通州区马驹桥镇国家环保产业园区

邮政编码：101102

电　　话：010-60504456

传　　真：010-60504275

2010-S-10

工程名称

膜技术处理精细化工废水工程

工程所属单位

烟台万润精细化工股份有限公司

技术依托单位

烟台永旭环境保护有限公司

工程分析

项目处理废水主要含四氢呋喃、DMF、三乙胺、二氯乙烷等有机成分，可生化性较差，因此处理工艺采用生化处理为主，物化处理为辅，主体采用 MBR 膜生物处理工艺。MBR 膜-生物反应器工艺是膜分离技术与生化处理有机结合的新型水处理技术，它利用膜分离（孔径为 0.2～0.4 μm）设备将生化反应池中的活性污泥和大分子的有机物截流，提高了污泥浓度、水力停留时间及污泥停留时间，解决活性污泥不易挂膜和流失的问题，保证污水达标排放。

工程规模

300 m³/d。

主要技术指标

处理后水质标准：符合《污水排入城市下水道水质标准》（CJ 3082—1999）。

工程运行情况

工程自 2008 年 5 月开始正式运行，处理后系统 COD_{Cr} 去除率达到 96%以上，出水优于国家规定排放标准。

经济效益分析

一、投资费用

项目总投资：265.65 万元，其中，设备投资约 124.2 万元。

二、运行费用

每吨水 13.44 元。

环境效益分析

工程投入运行后，年可削减企业排放 COD 576 t，大大减少了企业向环境排放 COD 总量，保护了环境水体。

联系方式

联系单位：烟台永旭环境保护有限公司

联 系 人：张巧妮

地　　　址：烟台经济技术开发区长江路 161 号天马大厦 A 座 5 层

邮政编码：264006

电　　话：0535-6393100

传　　真：0535-6393036

E-mail：zqn109@163.com

2010-S-11
工程名称

造纸厂废水膜技术处理回用工程

工程所属单位

沈阳市利民造纸厂

技术依托单位

沈阳光大环保科技有限公司

推荐部门

辽宁省环境保护产业协会

工程分析

一、工艺路线

工艺流程图如下：

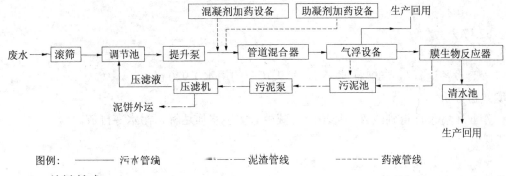

图例：——— 污水管线　——→—— 泥渣管线　------- 药液管线

二、关键技术

1. GQF 型浅池高效气浮装置

该装置采用独特的"浅池理论"及"零速原理"进行设计，停留时间仅需 3～5 min，表面负荷高达 9.6～12 m³/（m²·h），池深仅为 600～700 mm，强制布水，进出水都是静态的，微气泡与絮粒的黏附发生在包括接触区在内的整个气浮分离过程，浮渣瞬时排出。水体扰动小，出水悬浮物低，出渣含固率高达 3%～4%，悬浮物去除率可达 90%～99.5%，采用独特的深气管设计，体积小，溶气效率高，对造纸废水处理尤为适用。

2. 膜-生物反应器（MBR 工艺）

该工艺是膜分离技术与生物技术有机结合的新型废水处理技术。它利用膜分离设备将生化反应池中的活性污泥和大分子有机物质截留住，省掉二沉池。活性污泥浓度因此大大提高，水力停留时间（HRT）和污泥停留时间（SRT）可以分别控制，而难降解的物质在反应器中不断反应、降解。因此，膜-生物反应器工艺通过膜分离技术大大强化了生物反应器的功能。与传统的生物处理方法相比，具有生化效率高、抗负荷冲击能力强、出水水质稳定、占地面积小、排泥周期长、易实现自动控制等优点。

主要技术指标

设计进出水水质见下表：

序号	项目	废水水质	出水水质	排放标准
1	pH	6～9	6.5～9	6～9
2	COD/（mg/L）	2 500	<50	≤100
3	BOD/（mg/L）	350	<10	≤60
4	SS/（mg/L）	2 000	<10	≤100

设计处理水量为 100 m³/h，24 h 运行。

工程运行情况

运行良好，出水稳定，水质合格。

经济效益分析

一、投资费用

200 万元。

二、运行费用

62.17 万元/年。

三、效益分析

该套设备运行后（80%回收率），每天可节约用水 1 920 t。

环境效益分析

作业环境条件得到改善，环境纠纷减少，实现水质达标，污水零排放。

工程验收

一、组织验收单位

沈阳市大东区环保局。

二、验收时间

2007 年 7 月。

三、验收意见

达到《辽宁省污水与废水排放标准》（DB 21-60—89）第二类污染物一级排放标准。

获奖情况

沈阳市 2007 年污染减排示范工程。

联系方式

联系单位：沈阳光大环保科技有限公司

联 系 人：朱娜

地　　址：沈阳市皇姑区鸭绿江北街 213 号

邮政编码：110032

电　　话：024-86808266

传　　真：024-86618221

E - mail：guangdahb@163.com

2010-S-12

工程名称

磁记录行业废水分类处置及膜技术深度处理回用工程

工程所属单位

深圳开发磁记录股份有限公司

技术依托单位

深圳市粤昆仑环保实业有限公司

推荐部门

广东省环境保护产业协会

工程分析

1．针对电镀废水的特点及水质状况，先对废水进行分类，根据不同废水的特性采用不同的工艺进行处理，确保达到回用和排放的要求，并且分类处理能够减少药剂使用量，降低处理成本，保证回用率达到70%以上。

2．采用独立研发改性的特殊菌种纳豆菌作为生物添加剂，定期投入生化系统内处理有机物。

3．采用中水回用系统对处理水进行回用，该系统具有自动化程度高、寿命长、出水纯度高、不易堵塞等优点，回用率可达到70%以上。

4．回用浓水经过进一步深度处理，避免浓水直接排放造成二次污染。

工程规模

日处理量2 600 t。

主要技术指标

出水满足《广东省水污染物排放限值》（DB 44/26—2001）第二时段二级标准，回用水满足《地表水环境质量标准》Ⅱ类标准。

工程运行情况

工程自2009年3月竣工以来，运行稳定，其出水指标均达到《广东省水污染物排放限值》（DB 44/26—2001）第二时段二级标准。中水回用系统稳定运营，反渗透出水到达车间使用标准。

经济效益分析

一、投资费用

总投资：1 678万元。其中，设备总投资1 065万元（池体全部为钢结构，考虑到当地的地形、地质及公司特点）。

二、运行费用

356.4万元/年。

三、效益分析

水处理成本1.12元/t。

环境效益分析

每年削减总量COD为299.52 t，SS为1 029.6 t，Ni^{2+}为36.504 t，磷酸盐为8.424 t。中水的回用降低了企业的成本，增强了企业的竞争力。

工程验收

一、组织验收单位

深圳市福田区环境保护局。

二、验收时间

2009年3月23日。

三、验收意见

同意验收。

联系方式

联系单位：深圳市粤昆仑环保实业有限公司

联 系 人：刘香莲

地　　址：深圳市福田区福民路 12 号知本大厦 17 楼 F 座

邮政编码：518048

电　　话：0755-82998291

传　　真：0755-82998295

E-mail：YKL_2009@yahoo.cn

2010-S-13

工程名称

广州雅芳制造有限公司 1 440 t/d 废水膜技术处理及回用工程

工程所属单位

广州雅芳制造有限公司

技术依托单位

广州市环境保护工程设计院有限公司

推荐部门

广东省环境保护产业协会

工程分析

该系统运转机理如下：达标排放的废水在进入原水箱前进行次氯酸钠消毒处理，然后经原水提升泵提升至多介质过滤器。多介质过滤器出水进入 UF＋RO 系统后回用，UF＋RO 系统的浓水按要求排放到污水处理站进一步处理。

工程规模

1 440 t/d。

主要技术指标

占地面积：500 m²；运行费用：1.43 元/m³（其中电价：0.77 元/m³，药剂费：0.43 元/m³，人工费：0.23 元/m³）；工程造价：345.12 万元。

主要设备及运行管理

消毒系统、原水箱、原水提升泵、助凝剂加药系统、还原剂加药系统、多介质过滤器、活性炭过滤器、UF 设备、RO 设备、紫外线消毒设备等。

工程运行情况

目前整个工程运行良好，出水用于生产回用。

经济效益分析

一、投资费用

总投资：345.12 万元。

二、运行费用

75.16 万元/年（含药剂费、电费、人工费）。

三、效益分析

每年可节约用水 52.56 万 t，为企业节约费用约 56.24 万元/年。

环境效益分析

COD_{Cr} 的年削减量为 36.792 t，BOD_5 的年削减量为 7.884 t，SS 的年削减量为 10.512 t。

获奖情况

广东省环境保护优秀示范工程。

联系方式

联系单位：广州市环境保护工程设计院有限公司

联 系 人：王舒谊

地　　址：广州市越秀区回龙路增沙街 20 号

邮政编码：510115

电　　话：020-83363613

传　　真：020-83377209

E-mail：shuyi402@sohu.com

2010-S-14

工程名称

前进钢铁集团废水膜技术深度处理及回用工程

工程所属单位

河北前进钢铁集团

技术依托单位

上海东硕环保科技有限公司

推荐部门

中国环保产业协会水污染治理委员会

工程分析

工艺路线如下：

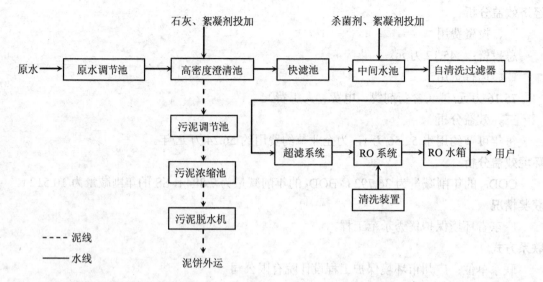

石灰、絮凝剂投加　　　　　　　　杀菌剂、絮凝剂投加

原水 → 原水调节池 → 高密度澄清池 → 快滤池 → 中间水池 → 自清洗过滤器

污泥调节池

超滤系统 → RO 系统 → RO 水箱 → 用户

清洗装置

污泥浓缩池

污泥脱水机

----- 泥线
——— 水线

泥饼外运

污水处理流程可分为预处理、深度处理、污泥处理三个单元。原水经调节池由原水泵提升进入高密度澄清池，出水经气水反冲洗滤池进一步去除悬浮物和其他杂质，之后进入深度处理系统即超滤及反渗透，出水经除盐水池进入用水点。澄清池排泥进入污泥储池，经脱水后外运填埋处置，避免形成二次污染。

工程规模

1 400 m³/h。

主要技术指标

1. 工程经预处理后，主要控制浊度和硬度两项指标，设计指标如下：

浊度 ≤ 3NTU；硬度 ≤ 600 mg/L。

2. 经深度处理后出水用作前进钢铁厂的生产补给水，设计指标如下：

SDI_{15}≤3；产水浊度 ≤ 1 NTU。

主要设备及运行管理

高密度澄清池、气水反冲洗滤池、超滤、反渗透。

运行情况

系统运行良好，运行费用低，操作管理方便，环境卫生良好，出水水质优于设计要求，能满足环保要求及生产工艺用水要求。

产水水量：1 400 m³/h。

产水水质：达到钢铁厂的生产补给水标准。

经济效益分析

一、投资费用

总投资：5 130 万元，其中，设备及安装费用 2 098.63 万元。

二、运行费用

排水成本为 1.376 元/t；产水成本为 2.99 元/t。

环境效益分析

项目的实施，可促进水资源的节约利用，满足区域发展需要，具有显著的环境效益，经济效益和社会效益。

联系方式

联系单位：上海东硕环保科技有限公司

联 系 人：陈业钢

地　　址：上海市徐汇区田林路 487 号 20 幢 1109-1209 室

邮政编码：200233

电　　话：021-31269579

传　　真：021-31269579-888

E-mail：cyg6910@hotmail.com

2010-S-15

工程名称

百万千瓦机组全膜法水处理清洁生产及冷凝水深度处理回用工程

工程所属单位

华能金陵发电有限公司

技术依托单位

南京中电联环保股份有限公司

推荐部门

江苏省环境保护产业协会

工程分析

一、工艺线路

1. 工程超滤、反渗透、电除盐系统

在项目中，补给水处理工艺的核心设备为：机械过滤器、超滤装置、一级反渗透高压泵、一级反渗透装置、二级反渗透高压泵、二级反渗透装置、C-CELL 装置、反渗透及 EDI 清洗装置等。

冷凝水深度处理核心设备为：前置过滤器、中压混床、树脂分离塔、阴树脂再生塔、阳树脂再生塔、树脂储存罐等。经混凝澄清、过滤处理的长江水→板式加热器→自清洗过滤器→超滤装置→2×300 m³ 超滤产水箱→超滤产水泵→一级反渗透保安过滤器→一级反渗透升压泵→一级反渗透→二级反渗透升压泵→二级反渗透→1×40 m³ 预脱盐水箱→ 电除盐进水泵→保安过滤器→EDI 装置→除盐水箱。

2. 冷凝水深度处理系统和体外再生系统树脂流程

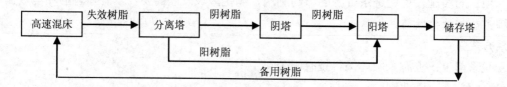

二、关键技术

超滤（UF）、反渗透（RO）和连续电去离子（EDI）是一类以高分子分离膜为代表的膜分离技术，作为一种新型的流体分离单元操作技术，由于具有高效率、无相变、低能耗、使用化学药剂少、设备紧凑、自动化程度高、操作运行简单和维护方便等突出的优点。其中膜分离技术的新秀连续电去离子技术（EDI）是一种连续的深度除盐技术，可以取代传统的离子交换技术。

工程规模

金陵发电有限公司二期工程（2×1 030 MW）机组工程中，补给水预脱盐系统共有2套超滤装置和2套二级反渗透装置，采用了全新的EDI技术作为补给水处理脱盐处理工艺。

主要设备及运行管理

补给水处理工艺的核心设备为：机械过滤器、超滤装置、一级反渗透高压泵、一级反渗透装置、二级反渗透高压泵、二级反渗透装置、C-CELL装置、反渗透及EDI清洗装置等。

冷凝水深度处理核心设备为：前置过滤器、中压混床、树脂分离塔、阴树脂再生塔、阳树脂再生塔、树脂储存罐等。

整套系统采用PLC集中控制，自动运行，实现无人值守。同时与厂内辅网连接，可实现就地与远程操作。

工程运行情况

项目自2009年5月投入运行以来，系统设备操作、管理正常，满足系统设计出水水质要求。

经济效益分析

一、投资费用

该项目总投资：4 500万元，其中，设备投资：2 954.8万元。

二、运行费用

每吨水4.48元。

三、效益分析

项目投产后，经济净效益为538.4万元/年，冷凝水深度处理工艺年节约除盐水量约400万t，投资回收年限为8.3年。

环境效益分析

工程投产后，由于系统综合能耗低、并因应用了EDI新工艺，去除了离子交换系统再生酸碱的损耗及废酸、废碱液的排放，使用化学药剂少，减小对环境的污染；提高水源的利用率，通过冷凝水的循环利用可节约大量的江河水或地下水资源有利于周边淡水资源的综合优化配置。

联系方式

联系单位：南京中电联环保股份有限公司

联 系 人：袁建海

地　　址：南京市江宁区诚信大道 1800 号

邮政编码：211102

电　　话：025-86529992

传　　真：025-86524972

E-mail：yuanjianhai@126.com

2010-S-16
工程名称

食用色素生产废水处理及回用工程

工程所属单位

安徽亚强生物工程股份有限公司

技术依托单位

蚌埠市清泉环保有限责任公司

推荐部门

中国环境保护产业协会水污染治理委员会

工程分析

该项目关键技术为 QIC 厌氧反应技术。该技术是集 UASB 反应器和流化反应器的优点于一身,利用反应器内所产沼气的提升力实现发酵料液内循环的一种新型反应装置。QIC厌氧反应装置具有容积负荷率高,节省基建投资和占地面积,运行成本低,抗冲击负荷能力强,出水水质稳定,操作简便等诸多优点。项目中 QIC 厌氧反应装置在大幅削减 COD浓度的同时,极大地减轻了后续处理单元的负荷,不仅为 SBR 反应提供了良好的运行条件,而且为出水水质稳定达标提供了保障。同时沼气的回收利用,还可以为厂家节约能源消耗,减轻由于大量使用燃煤带来的大气污染。

工程规模

300 m^3/d。

主要设备及运行管理

一、主要设备

QIC 厌氧反应装置、SWR-125 鼓风机、HB-1000 二氧化氯发生器、滚筒过滤机。

二、运行管理

项目主要设备操作简便，而且基本实现半自动化操作。每班仅需 1～2 人维护管理。

工程运行情况

项目 2009 年 5 月通过亳州市环境保护局的验收监测。设备运行状况良好，处理出水稳定达标。

经济效益分析

一、投资费用

项目总投资：167 万元，其中，设备投资：82.8 万元，主体设备寿命 15 年。

二、运行费用

电费：0.31 元/t，人工费：0.17 元/t，药剂费：0.10 元/t，废水处理总运行成本为：0.58 元/t。

三、效益分析

废水经厌氧反应将可产生 720 m³/d 沼气，废水经处理后，每天回用 200 t。

环境效益分析

项目实施后，大幅削减污染物的排放量的同时，减少了动力的消耗及运行费用，剩余污泥量大大减少，有效地降低了二次污染。同时可以回收大量沼气，降低了企业对燃煤的消耗，不仅为企业节约了能源消耗，而且减轻了因使用大量燃煤而造成的大气污染。

工程验收

一、组织验收单位

亳州市环境保护局。

二、验收时间

2009 年 5 月。

三、验收意见

同意验收。

联系方式

联系单位：蚌埠市清泉环保有限责任公司

联 系 人：杨勇

地　　址：安徽省蚌埠市淮上区长征北路

邮政编码：233000

电　　话：0552-2831077

传　　真：0552-2831078

E-mail：qingquanhuanbao@163.com

糖业与番茄制品生产综合废水治理工程

工程所属单位

中粮屯河股份有限公司焉耆糖业分公司

技术依托单位

广州市环境保护工程设计院有限公司

推荐部门

广东省环境保护产业协会

工程分析

该项目主要流程如下：

（1）废水经格栅在集水调节池停留；

（2）废水在 UASB 池进行水解酸化；

（3）水解出水在好氧池进行好氧处理；

（4）好氧池出水先进入二沉池，初步沉淀生化污泥供回流使用，补充生物处理系统污泥的流失；

（5）废水经混凝沉淀处理后达标排放。

工程规模

15 000 t/d，占地面积：6 500 m²。

工程运行情况

整个工程运行良好，出水达到国家指定的排放标准。

经济效益分析

一、投资费用

总投资：1 436 万元。

二、运行费用

番茄废水：37.8 万元/年；糖业废水：93.15 万元/年。

环境效益分析

COD_{Cr} 的年削减量为 17 694.56 t，总 BOD_5 的年削减量为 9 899.24 t，SS 的年削减量为 30 696.03 t。

联系方式

联系单位：广州市环境保护工程设计院有限公司

联 系 人：王舒谊　谢永新

地　　址：广州市越秀区回龙路增沙街 20 号

邮政编码：510115

电　　话：020-83363613-8800

传　　真：020-83377209

E-mail：shuyi402@sohu.com，happy-xyx@sohu.com

2010-S-18

工程名称

生物流化床＋臭氧气浮＋微波污水处理及回用工程

工程所属单位

西安陕鼓动力股份有限公司

技术依托单位

西安建筑科技大学

昆明辰龙润东科技有限公司

推荐部门

陕西省环保产业协会

工程分析

一、工艺路线

工程设计处理规模 $2 \times 2\,000\ \mathrm{m^3/d}$，采用以生物造粒流化床＋臭氧气浮污水处理技术为主体的"短流程、高效、低耗污水处理再生利用工艺"和微波废水处理技术对生产和生活污水进行处理，出水水质可达到城市杂用水及景观环境用水水质标准，并用于景观绿化和人工湖给水。

二、关键技术

1. 生物造粒流化床＋臭氧气浮工艺

该技术运用生物造粒流化床高效污水处理技术代替了常规二级生物处理工艺流程中的生物处理单元和二次沉淀池，运用臭氧气浮技术代替了常规水处理工艺流程中的过滤和消毒等深度处理单元，因此工艺简单、占地面积小；对进水水质、水量的波动具有较好的适应性；工程投资低，自动化程度高，运行管理方便。

2. 微波污水处理工艺

微波污水处理技术集微波场对单相流或多相流流体的稀相选择性供能，微波对流体中吸波物质的物化反应具有的强烈催化作用，微波对流体的穿透作用及其杀灭微生物的功效等（与传统供能法相较）优点为一体的一种污水物化处理法。污水经预处理工艺去除水中的杂质后进入微波反应器，处理出水进入沉淀池进行泥水分离后又直接回用。

工程规模

1 200 t/d。

主要技术指标

处理水质达到《城市污水再生利用 城市杂用水水质标准》和《城市污水再生利用 景观环境用水水质标准》。

主要设备及运行情况

一、主要设备

格栅、生物造粒流化床、臭氧气浮反应器、加药机、臭氧发生器、二氧化氯发生器、微波废水处理装置、污泥脱水机等。

二、运行情况

该项目于 2008 年 7 月竣工并投入试运行。目前，该项目工艺运转良好，出水水质稳定，可满足污水再生利用的城市杂用水及景观环境用水水质标准，达到了设计要求。

经济效益分析

一、投资费用

总投资 1 410 万元。

二、运行费用

83.75 万元/年。

三、效益分析

直接经济效益 102.93 万元/年，投资回收期限 6.2 年。

环境效益分析

每年可削减 COD 约 330 t。

获奖情况

2009 年陕西省优秀环保工程。

联系方式

联系单位：西安陕鼓动力股份有限公司

联 系 人：李婷

地　　址：西安市高新区沣惠南路 8 号

邮政编码：710075

电　　话：029-81871838

传　　真：029-81871080

E-mail：L408666416@126.com

代森锰锌生产废水废渣减排及
资源综合利用工程

工程所属单位
利民化工股份有限公司
技术依托单位
东南大学
推荐部门
中国环境保护产业协会
工程分析
工艺路线
1. 硫酸铵回收、锰盐回收

先将代森锰锌母液水收集后泵入废水车间母液水贮池进行初级自然沉降，底部沉降物经压滤机脱水后，泥渣回用生产代森锰锌可湿粉。上清液加入定量的碳酸铵进行除锰，压滤产生的碳酸锰酸化后生成硫酸锰回用与生产。除锰后加硫酸调 pH6.0 后泵入三效薄膜蒸发器，通入蒸汽进行蒸发，一效加热蒸汽冷凝液回收出售，二、三效蒸出液送到生产车间作为洗涤水及配制氨水使用，底部浓缩液结晶后离心出硫酸铵，少量离心液反复回蒸。硫酸铵出售给复混肥厂生产复混肥使用。

2. 代森锰锌废渣回收

废渣混合物经离心机过滤后，再经压滤机压滤，滤渣含水在 40%以下，经无轴螺旋输送机输送进入闪蒸主机，与加热后的空气进行热质交换，水分迅速蒸发，主机出口温度控制在（90±5）℃，主机进料量控制在 0.3 t/h 出料含水量可控制在 5%以下，然后由旋风捕集器和布袋捕集器收集，再经真空转鼓干燥器干燥后，可得含水量在 1%以下的干品，干品含量平均 70%。干品投入混合釜，并投加填料、助剂、分散剂等按一定配方拌合后通过气流粉碎机粉碎后经布袋捕集后得到制剂粉体，含量 50%，最后经计量包装成产品出售。

工程规模
代森锰锌中水回用 150 万 t/a、代森锰锌渣综合利用 1 000 t/a。
一、主要设备及运行管理
1. 主要设备：三效蒸发器、冷却塔、除锰釜、酸化釜、过滤机、离心机、盐水冷冻机组、闪蒸干燥器、旋风除尘器、布袋除尘器等。

2. 运行管理情况：各项指标均达到设计要求，运行状况良好。

二、工程运行情况

运行概括：该工程自 2007 年建成以来，设施至今一直运行正常，各项污染物排放指标能够达到《化学工业主要水污染物排放标准》（DB 32/939—2006）一级标准。

经济效益分析

一、投资费用

1 250 万元。

二、运行费用

472.86 万元/年。

三、效益分析

年可回收代森锰锌渣、硫酸锰、硫酸铵分别为 360 t、327 t、4 000 t，同时年可减排废水 43.5 万 t、节约新鲜水近 138 万 t，产生净效益 85.35 万元。

环境效益分析

该工程实施后，年可减排废水 43.5 万 t、代森锰锌废渣 360 t、节约新鲜水近 138 万 t、减排 COD 42 t、氨氮 6.5 t、锰 0.4 t。

联系方式

联系单位：利民化工股份有限公司

联 系 人：张荣全

地　　址：江苏省新沂经济开发区上海路

邮政编码：221400

电　　话：0516-88614590

传　　真：0516-88614347

E-mail：zrq8819191@163.com

2010-S-20

工程名称

甘肃刘化（集团）有限责任公司
H-BAF 综合污水处理工程

工程所属单位

甘肃刘化（集团）有限责任公司

技术依托单位

甘肃金桥给水排水设计与工程（集团）有限公司

推荐部门

甘肃省环境保护产业协会

工程分析

一、工艺路线

污水经格栅去除粗大的漂浮物和沙砾。进入调节和生物絮凝池，池中保持一定浓度的活性污泥，除了进行水量平衡和水质均合外，还可进行生物絮凝反应，提高后续沉淀池去除各种污染物的效果。出水进入沉淀池进行泥、水分离后，再进入 H-BAF 池，在 H-BAF 池中填装高效生物滤料，在滤料的表面上培养出大量微生物，形成一层生物膜，具有生物化学反应和过滤双重功能。当污水通过滤料层，溶解性污染物被氧化降解，非溶解性污染物被过滤除去。出水经消毒后就能达到各种用途再生水的水质标准。

二、关键技术

生物絮凝技术、H-BAF（高效生物滤池）技术、采用高效微生物接种 H-BAF 用于难生物降解和高氨氮工业污水的再生利用。

工程规模

12 000 m³/d。

主要技术指标

出水水质标准执行《污水综合排放标准》（GB 8978—1996）表 4 中一级标准。

工程运行情况

工程自投运以来，设备运行稳定，产生水质达到设计的国家标准。

经济效益分析

一、投资费用

总投资：2 300 万元。其中，设备投资：750 万元。主体设备寿命：设备 15 年；构筑物 50 年。

二、运行费用

238 万元/年。

三、效益分析

与传统工艺相比，节省投资 26%，节约土地 33%，降低运行费用 44%，每年可节约运行费用 280 万元。

环境效益分析

工程可节约土地 1 800 m²，每年可节省新鲜水资源 336 万 m³，每年削减主要污染物向水体排放 7 387 t。

工程验收

一、组织验收单位

甘肃省环境保护厅。

二、验收时间

2008 年 9 月。

三、验收意见

同意验收。

获奖情况

2009 年甘肃省环境科学技术一等奖。

联系方式

联系单位：甘肃金桥给水排水设计与工程（集团）有限公司

联 系 人：胡庆荣

地 　　址：甘肃省兰州市酒泉路 279 号信生大厦六楼

邮政编码：730030

电 　　话：0931-8445252

传 　　真：0931-8445636

E-mail：gsgbwater@yahoo.com.cn

2010-S-21

工程名称

武钢北湖排口废水闭环利用工程

工程所属单位

武汉钢铁（集团）公司

技术依托单位

武汉都市环保工程技术股份有限公司

推荐部门

湖北省环境保护产业协会

工程分析

一、工艺路线

工艺流程图如下：

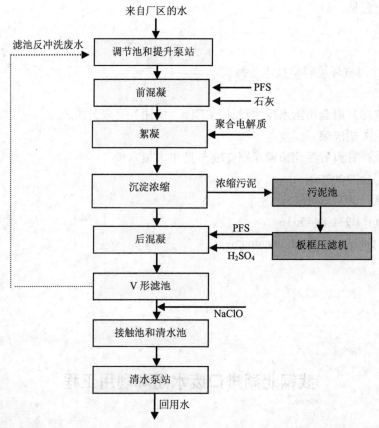

来自厂区的水

滤池反冲洗废水

调节池和提升泵站

前混凝 ← PFS
← 石灰

絮凝 ← 聚合电解质

沉淀浓缩 → 浓缩污泥 → 污泥池

后混凝 ← PFS
← H_2SO_4 ← 板框压滤机

V 形滤池

← NaClO

接触池和清水池

清水泵站

↓ 回用水

二、关键技术

工程的关键技术为高密度沉淀池和 V 形滤池两个处理单元。高密度澄清池可在流速波动范围大的情况下工作,它由三个主要部分组成:一个"反应池"、一个"预沉池-浓缩池"和一个"斜管分离池"。V 形滤池是快滤池的一种形式,因为其进水槽形状呈 V 字形而得名,也叫均粒滤料滤池。

工程规模

废水处理规模 19.2 万 m^3/d,处理后的回用水接入武钢净化水管网。

工程运行情况

该工程自 2007 年投产运行以后,日最大处理能力为 19.2 万 t/d,整个系统运行情况良好,出水各项指标达到武钢净化水的水质要求。

经济效益分析

一、投资费用

总投资:17 464 万元。

二、运行费用

工程年运行费用:2 725 万元。

三、效益分析

年减排污水 7 008 万 t,水资源利用费按 0.2 元/t 计,则节约水资源利用费约 1 400 万元/年。

环境效益分析

武钢北湖排口废水闭环利用工程是武钢第一个污水再利用工程。投入运行后产生了良好的环境效益，改善了武汉青山区北湖地区环境，减少武钢对外污水排放量 7 008 万 t/a，改善长江流域的生态环境，减少了对长江的污染。

获奖情况

获 2009 年全国冶金行业优秀设计工程一等奖。

联系方式

联系单位：武汉都市环保工程技术股份有限公司

联 系 人：晏仁恩

地　　址：武汉市武昌区中北路 122 号 A 座 15 楼

邮政编码：430071

电　　话：027-51878588-5201

传　　真：027-51878588-5888

E-mail：yanrenen@ccepc.com

2010-S-23

工程名称

合肥铁路枢纽新建合肥北城至
合肥站北城制梁场节水环保工程

工程所属单位

京福铁路客运专线安徽有限责任公司

技术依托单位

中铁四局集团有限公司

中铁四局集团第一工程有限公司

推荐部门

安徽省环境保护产业协会

工程分析

一、工艺路线

沉淀池—水泵—出水管—洗石机—洗石—污水—排水沟—过滤—沉淀池。

二、关键技术

多级沉淀，自然净化。

主要技术指标

减少污水排放 450 535 t，节约用水 450 535 t，节约用地 30 亩，绿化面积 2 700 m²。

主要设备及运行管理

洗石机、沉淀池、水泵。

工程运行情况

运行良好。

工程验收

一、组织验收单位

甘肃铁一院工程监理有限责任公司。

二、验收时间

2010 年 4 月 6 日。

三、验收意见

符合要求，同意使用。

获奖情况

2010 年安徽省重点环境保护实用技术示范工程。

联系方式

联系单位：中铁四局集团第一工程有限公司

联 系 人：张新塘

地　　址：合肥市阜阳北路 434 号

邮政编码：230041

电　　话：0551-5242595

传　　真：0551-5543882

E-mail：ztsjch@sina.com

2010-S-24
工程名称

广州市永和水质净化厂（三期）工程

工程所属单位

广州开发区水质净化管理中心

技术依托单位

广州市市政工程设计研究院

推荐部门

中国环境保护产业协会水污染治理委员会

工程分析

一、工艺路线

该项目中主要采用了催化氧化＋强化絮凝物化处理技术＋改良 CASS 生化处理技术＋高效纤维滤池＋紫外消毒处理技术，确保厂区污水处理效果。

二、关键技术

（1）催化氧化＋强化絮凝物化处理工艺；

（2）高效纤维滤池；

（3）紫外消毒处理工艺；

（4）集中生物除臭工艺；

（5）厂区主要设备采用变频控制。

工程规模

5.5 万 m^3/d。

主要技术指标

处理规模 5.5 万 m^3/d，占地 2.25 hm^2，绿化率 53.4%。出水水质达到国家排放标准（GB 18918—2002）一级 A 和广东省 DB44-26—2001 标准中一级标准（二时段）较严的指标。

主要设备

污水泵、格栅机、鼓风机、微孔曝气器、滗水器、离心脱水机等。

工程运行情况

该工程于 2009 年 4 月开始试运行，经省、市、区环保部门多次检测，出水指标完全达到设计标准。

经济效益分析

一、投资费用

工程总投资：11 543 万元，其中，设备投资：6 497.5 万元。

二、运行费用

运行费用为 645 万元/年。

环境效益分析

该区域内主要河流永和河（水质净化厂受纳水体）主要指标由过去的劣五类提高到接近地表水三类水质标准，污水治理取得了明显的效果。

工程验收

一、组织验收单位

广州开发区环卫美化服务中心。

二、验收时间

2009 年 11 月 20 日。

三、验收意见

该工程各方资料基本齐全，各设备运行状态正常，出水水质达到设计标准，符合验收条件，同意验收。

联系方式

  联系单位：广州市市政工程设计研究院

  联 系 人：张建良

  地   址：广州市环市东路 348 号东梯/广州开发区志诚大道 22 号

  邮政编码：510060

  电 话：020-83835192

  传 真：020-83834279

  E-mail：zhangjl@gzmedri.com

2010-S-25

工程名称

包头鹿城水务 5.5 万 t/d 中水回用工程

工程所属单位

  包头鹿城水务有限公司

技术依托单位

  北京海斯顿水处理设备有限公司

推荐部门

  北京市环境保护产业协会

工程分析

  工程主体工艺为高效沉淀池＋V 形滤池。在此处理过程中，污水中的 COD、SS、色度、浊度以及 TP 得以进一步去除。其中高效沉淀池是由国外引进的一种采用污泥循环接触絮凝及斜管沉淀的混凝沉淀系统。主要分为快速搅拌、慢速推流和斜管沉淀三部分，通过污泥回流提高絮凝剂的絮凝效果、优化絮体结构、节省投药量。具体工艺流程为：接触池出水在高效沉淀池的快速搅拌区，在无机絮凝剂聚合氯化铝（PAC）、高分子助凝剂聚丙烯酰胺（PAM）以及回流污泥的联合作用下，形成大量矾花，再经过慢速推流增强絮体结构，并在斜管沉淀区进行泥水分离，上清液进入 V 形滤池进行过滤，出水进入清水池待用。

工程规模

  5.5 万 t/d。

工程运行及管理情况

  出水水质达到国家《城市污水再生利用城市杂用水 水质标准》（GB/T 18920—2002）中的用于绿化、冲厕用途的杂用水指标要求。

经济效益分析

一、投资情况

总投资：2 100 万元。其中，设备投资：220 万元，主体设备寿命：15 年。

二、运行费用

198 万元/年。

三、效益分析

综合经济效益 550 万元/年，投资回收年限 5 年。

环境效益分析

出水可直接回用于生活杂用、绿化等，实现废水资源化利用。

联系方式

联系单位：北京海斯顿水处理设备有限公司

联 系 人：莫耀华

地　　址：北京市通州区中关村科技园区金桥科技产业基地环宇路 3 号

邮政编码：101102

电　　话：010-60504456

传　　真：010-60504765

E-mail：gxmdy_929@msn.com

2010-S-26
工程名称

8 万 t/d 改良型 A²/O 法处理城市污水工程

工程所属单位

广东粤丰环保投资有限公司

技术依托单位

北京国环清华环境工程设计研究院

推荐部门

广东省环境保护产业协会

工程分析

工艺路线

采用的污水处理工艺是改良型 A²/O 工艺。纳污范围收集的污水通过市政管网进入污水处理厂后，首先进入总进水井，然后流经粗格栅，截留去除污水中粒径较大的悬浮物和漂浮物；如果污水厂出现供电故障，污水通过总进水井前设置的事故超越管直接外排。再流入提升泵房的集水池。集水池内安装潜水排污泵，提升污水进入细格栅，进一步截留去除水中的颗粒物。细格栅出水流入旋流式沉砂池，沉降去除污水中的无机砂粒。然后进入改良型 A²/O 生化系统；雨季时污水量超过设计负荷的部分雨水或后续处理设施检修的部分污水，可通过沉砂池的旁通井由超越管线直接排放。

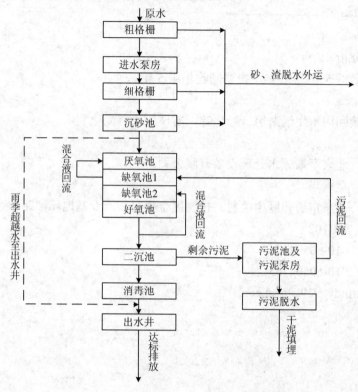

图 1　改良型 A²/O 工艺流程图

工程规模

污水处理厂设计污水处理总规模 20 万 m³/d，其中一期工程规模 8 万 m³/d。

主要技术指标

污水处理厂总占地（9.97×10⁴）m²。一期工程占地面积为（5.32×10⁴）m²，其中建构筑物占地面积（1.19×10⁴）m²、道路面积（0.89×10⁴）m²、厂区绿化面积（2.16×10⁴）m²，绿化率达 40.6%。

主要设备

污水提升泵、格栅、砂水分离器、管式曝气器、污水回流泵、刮吸泥机、离心鼓风机、污泥脱水机、紫外线消毒设备等。

经济效益分析

一、投资费用

一期工程总投资：9 286 万元。

二、运行费用

污水处理厂正常生产年份处理总成本平均为 1 786.2 万元，污水处理厂总成本平均为 0.61 元/m³。

工程验收

一、组织验收单位

东莞市环境保护局。

二、验收时间

2008 年 6 月 20 日。

三、验收意见

同意该项目通过环境保护验收。

获奖情况

2010 年被广东省环境保护产业协会授予"广东省环境保护优秀示范工程"。

联系方式

联系单位：广东粤丰环保投资有限公司

联 系 人：袁永森

地　　址：广东省东莞市南城区 107 国周溪路段 281 号四楼

邮政编码：523077

电　　话：0769-22986888

传　　真：0769-22986333

E-mail：canvest@vip.163.com

2010-S-27

工程名称

北京市北小河再生水厂二期工程一级强化（超磁分离技术）系统

工程所属单位

北京城市排水集团有限责任公司

技术依托单位

四川德美环境技术有限责任公司

推荐部门

中国环境保护产业协会

工程分析

一、工艺路线

利用稀土永磁材料的高强磁力，通过稀土磁盘的聚磁组合，以及投加磁粉及药剂，形成磁性絮体，用磁力将废水中的磁性悬浮物絮团吸附分离去除，完成固液分离，实现污水净化功能，同时通过磁粉回收系统，回收磁粉循环使用，节约运行成本。

二、关键技术

1. 在去除悬浮物的同时，去除水体中的磷，使水体不易富营养化。

2. 磁种的选择及生产：实现较强磁性、合适粒度、抗氧化以及低价格。

3. 进一步提高大部分分离效果的技术：改善磁体的布置情况、流道结构、构造更高分离效果的磁场以及磁分离设备的小型化。

工程规模

日处理水量为 28 000 m^3/d。

主要技术指标

当进水 COD_{Cr} 大于 350 mg/L，去除率大于 60%；BOD_5 大于 160 mg/L 时，去除率大于 50%。

主要设备

超磁分离机、磁种回收装置、加药装置、混凝装置。

工程运行情况

系统于 2010 年 1 月调试开始以来均运行正常，出水达到设计指标。

经济效益分析

一、投资费用

总投资：825 万元，其中，设备投资：515 万元。主体设备寿命 20 年以上。

二、运行费用

511 万元/年。

三、效益分析

总投资 825 万元，其中设备投资 515 万元，运行成本 511 万/年，综合经济效益 307 万元，直接经济效益 818 万元/年，投资回收年限为 2 年。

环境效益分析

每年可减少 COD_{Cr} 排放量 3 049.2 t；SS 2 864.4 t；TP 83.16 t。

获奖情况

2010 年环境保护科学技术二等奖。

联系方式

联系单位：四川德美环境工程有限责任公司

联 系 人：张科

地　　址：成都市武侯科技园武兴一路 3 号

邮政编码：610045

电　　话：028-85001671

传　　真：028-85001606

E-mail & URL：zk@scimee.com；www.scimee.com

利用植物系统去除污水处理厂
尾水中氮磷污染技术工程

工程所属单位
　　杭州临安城市污水处理有限公司
技术依托单位
　　杭州绿生生态环境工程有限公司
　　浙江大学能源工程设计研究院
推荐部门
　　浙江省环境保护产业协会
工程分析
　　工艺线路

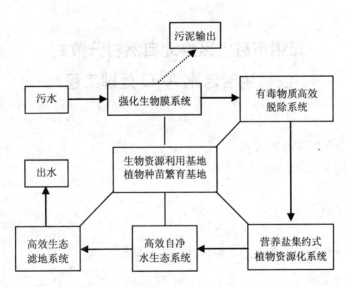

　　植物系统去除水体中氮磷污染的原理与关键技术，又称水体生态修复集成技术，该技术应用营养生态学理论，充分利用太阳能，以高等绿色植物、微生物为主，物理措施为辅，建立具有高度净化能力的植物生态系统，将水中的营养盐转化为生物资源，实现在高污染负荷下降低水体营养盐水平、遏制藻类生长、提高水体透明度，使之成为具有生物多样性的健康水生态平衡系统。

工程规模

2 000 t/d。

经济效益分析

建设投资 800～1 000 元/t，运行费 0.15 元/m³ 左右。

工程运行情况

项目日处理污水处理厂尾水 2 000 t，自 2007 年 8 月运行以来，出水稳定良好。

联系方式

联系单位：杭州绿生生态环境工程有限公司

联　系　人：林婷婷

地　　　址：杭州市西溪路 525 号浙江大学科技园 A 栋 301 室

邮政编码：310012

电　　话：0571-28033066　28033067　13777866412

传　　真：0571-28033070

E-mail：shangslslife@yahoo.com.cn

2010-S-29

工程名称

无锡市惠山区盛北自然村分散式
农村生活污水 A²/O 处理工程

技术依托单位

无锡市格润环保钢业有限公司

无锡市格润环保设备机械厂

推荐部门

江苏省环境保护产业协会

适用范围

主要适用于不具备接管条件的分散住宅、农村居住点等。

主要技术内容

一、基本原理

该装置主要由厌氧水解池、缺氧池、好氧池、二沉池和物化沉淀池组成生活污水一体化处理装置。在调节池废水由潜污泵提升进入 A²/O 处理系统后，经厌氧、缺氧、好氧生物处理去除废水中大部分有机物，并通过混合液回流及污泥回流来达到脱氮除磷的效果，好氧出水进入二沉池，进行泥水分离，污泥回流至好氧段，二沉池出水经物化沉淀去除水中 SS。

二、技术关键

整个污水处理工艺综合在一个箱体（工厂预制）内完成，简化了工艺流程和构筑物，投资少、上马快；设备可埋入地表以下，地表可用为绿化，从而减少占地面积；工艺采用调节—A²/O—二沉—物沉，出水达到《污水综合排放标准》中的第二类污染物最高允许排放浓度一级标准，并且不需加药，所以无二次污染。

典型规模

40 t/d。

投资效益分析

一、投资情况

应用规模：40 t/d；总投资：31.5 万元。

设备投资：23 万元；主体设备寿命：15 年。

运行费用：0.36 万元/年。

二、经济效益分析

该装置主体设备寿命可达 15 年。同时，与其他污水处理装置相比占地面积少，有利于污水收集管线的布置，从而大大节约了用地；整个动力运行成本很低，运行功率在 1 kW 以内，处理每吨污水平均电费 0.5 元；系统处理的水经过消毒净化完全可以达到回用的标准。

推广情况及用户意见

该装置已经在无锡市惠山区钱桥街道盛峰村盛北自然村有动力生活污水处理、无锡市钱桥街道洋溪村薛巷自然村生活污水处理、无锡市锡澄运河堰桥镇姑里村朱中巷生活污水处理等多个废水处理工程中取得成功的应用，并通过环保部门检测验收。节能降耗，环保高效和经济耐用等特点得到实践的证实，用户反映良好。

获奖情况

2008 年 12 月"规划未覆盖管网农村污水治理一体化工程"项目被无锡市环境保护产业协会评为"优秀工程"。

联系方式

联系单位：无锡市格润环保钢业有限公司

联 系 人：尤玉清

地　　址：无锡市滨湖区钱姚路 88 号-A1

邮政编码：214151

电　　话：0510-83018398

传　　真：0510-83018399

E-mail & URL：Lily.js.181@163.com

"泥水一体化"污泥脱水项目

工程所属单位

广州绿由工业弃置废物回收处理有限公司

技术依托单位

广东绿由环保科技股份有限公司

推荐部门

广东省环境保护产业协会

工程分析

一、工艺路线

"泥水一体化"的定义：在污水处理厂完成污水处理达标排放的同时，对处理过程中因沉淀、浓缩而产生的泥浆（含水率 95%～97%）一次性压滤脱水至含水率＜55%，形成干固状的泥饼，并完成泥饼的安全处置。

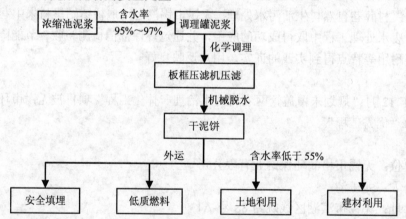

二、关键技术

项目采用的"泥水一体化"污泥深度脱水技术主要从设备和化学调理剂两个方向入手，通过引进国外先进设备进行改良，同时，针对国内污泥的特性，抛弃传统的单一的化学调理剂，研发适合污泥脱水的专用复合型化学调理剂。具体如下：

1. 泥浆螺旋分配器：解决了污泥在滤板里分布不均匀、泥饼厚薄不一、含水率在有些部位很高的问题。

2. "凸起粒子滤板"。增加了注入污泥在滤室里的流动性和在滤板里的均匀性，明显提高了压滤效果，解决了传统滤板易出现的爆裂问题。

3．"聚丙烯/缎织/锥形滤布"，大幅度降低了滤布介质阻力，解决了缕空的堵塞现象，增加了滤布的疏水性。

4．污泥脱水专用化学调理添加剂——表面活性剂＋复合絮凝剂＋助凝剂复合型脱水药剂，有效解决污泥"胶体破壁"的问题，明显提高了污泥的脱水性能。

5．板框压滤脱水时采用间隔的"递增式"施压工艺，大大降低了泥饼形成时的介质阻力，提高了板框压滤的脱水性能。

工程规模

项目设计日处理规模为 300 t/d，配备 2 台 150 t/d 的板框压滤机，总占地面积 3 000 m^2，总建筑面积 3 300 m^2。

主要技术指标

1．污泥含水率低于 55%；

2．污泥脱水后体积减少 50% 以上；

3．污泥脱水后有机质灭失量≤3%；

4．污泥脱水后热值灭失量≤5%；

5．污泥含固量增幅＜5‰；

6．污泥脱水后形成干泥饼，臭度＜1，无恶臭、无渗滤液。

经济效益分析

一、投资费用

项目总投资：2 134 万元，其中，设备投资：1 800 万元，土建、厂房、设备基础等投资 334 万元。

二、运行费用

运行费用约为 250 元/t。

三、效益分析

与传统的设备工艺相比较，本系统的运行费用与传统工艺基本持平；但是，传统工艺产生的含水率 80% 的污泥比本系统产生的含水率 55% 以下的污泥量多了一半以上，在污泥的最终处置费用及运输费用方面，比传统设备工艺将节省一半以上。

环境效益分析

处理各类污泥，可有效改善区域环境，使污泥处理问题得到解决。

联系方式

联系单位：广东绿由环保科技股份有限公司
　　　　　广州绿由工业弃置废物回收处理有限公司

联 系 人：任延杰

地　　址：广东省广州市番禺区石碁镇富怡路傍江东村段 3 号

邮政编码：511450

电　　话：020-34863661

传　　真：020-34863661

E-mail：lnlcaolin@126.com

利用热电厂烟道气余热污泥干化资源化工程

工程所属单位

华电滕州新源热电有限公司

技术依托单位

沈阳禹华环保有限公司

推荐部门

辽宁省环境保护产业协会

工程分析

一、工艺路线

工程将污泥干化装置嵌入到电厂发电锅炉尾气处理装置系统中，利用发电厂锅炉烟道气余热对城市污泥进行干化脱水，干化脱水后污泥进入发电厂锅炉焚烧发电，最终实现对城市污泥的无害化处理和资源化利用的目的。

WJG 型干燥设备嵌入电厂锅炉尾气处理系统利用烟气余热对污泥无害化资源化处理

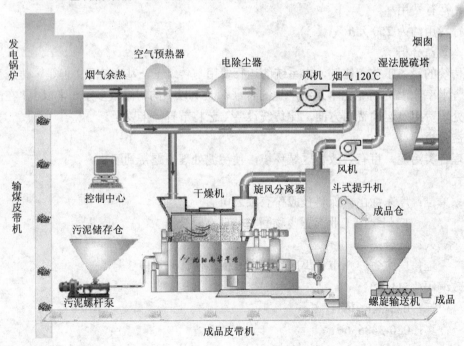

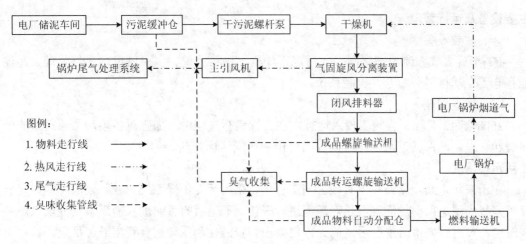

图例:
1. 物料走行线 →
2. 热风走行线 ┄►
3. 尾气走行线 ┄►
4. 臭味收集管线

二、关键技术

WJG 型旋翼式强制流态化刮壁干燥机。污泥由干燥机一端底部进料,在旋翼作用下向上抛掷,使物料在干燥机腔内呈流态化,220～288℃热风由污泥进料同端上方进入干燥机,与被抛掷处于弥散状态下的物料直接接触,物料在旋翼和热风的作用下向前运动,实现快速质热交换。干燥热源是利用发电厂锅炉烟气余热对城市污泥进行干化脱水实现无害化处理和资源化利用。

工程规模

工程处理污泥 100 t/d,投资 728 万元,工程占地面积 210 m²。总装机功率 320 kW,实际运行消耗功率 160 kW。污泥初含水 78%左右,经干化脱水灭菌后污泥终含水 40%左右。

主要技术指标

名　　　称	参　　数
干燥机进口温度	220～288℃
干燥机出口温度	110～130℃
进口污泥含水率	80%～83%
干燥后污泥含水率	20%～30%
单位进口物料流量	3.5～4 t/h
单位出口物料流量	1.5～2 t/h
蒸发水量	1.5～2 t/h
每蒸发 1 t 水总耗热量	≤4.18×10⁶ J

主要设备及运行管理

一、主要设备

JG 型旋翼式强制流态化刮壁式污泥干燥机、进料系统、主引风机、尾气处理、污泥储存仓、自动排料分配仓、控制系统。

二、运行管理

2008 年 12 月该工程竣工投入运行，在工程运行过程中，加强对各项污染治理措施的监督和管理，确保其正常运行，使各类污染物均能达标排放。

工程运行情况

在山东华电滕州新源热电有限公司工程中，采用污泥干燥系统，嵌入到电厂锅炉尾气处理系统利用电厂锅炉烟气余热对污泥进行干化，干化后的污泥进入输煤系统混煤入炉焚烧发电，实现对城市污水厂污泥的无害化处理和资源化利用。运行费用低、稳定，自动化程度高，经一年半的运行，效果良好，用户满意，同时产生良好的社会效益。

经济效益分析

一、投资费用

工程总投资：728 万元。

二、运行费用

29.4 元/t 湿基。

三、效益分析

378.48 万元/年。

工程验收

一、组织验收单位

滕州市环境保护局。

二、验收时间

2008 年 12 月。

三、验收意见

验收合格。

获奖情况

沈阳市科技进步二等奖、辽宁省科技成果转化三等奖。

联系方式

联系单位：沈阳禹华环保有限公司

联 系 人：薛军

地　　址：沈阳市和平区文化路 39 号

邮政编码：110004

电　　话：024-23928931　13604032889

传　　真：024-23903994

E-mail：xuej1961@163.com

1×300 MW 机组海水法烟气脱硫工程

工程所属单位

　　秦皇岛发电有限责任公司

技术依托单位

　　北京龙源环保工程有限公司

推荐部门

　　北京国电龙源环保工程有限公司

工程分析

　　一、工艺路线

　　工程采用自主研发的海水脱硫工艺，一炉一塔方式。系统主要包括：烟气系统、SO_2 吸收系统、海水供应系统和海水水质恢复系统。

　　烟气海水脱硫的基本原理是：滨海电厂用于机组冷却的循环海水是一种天然碱资源，将其用于烟气脱硫取代对石灰石的消耗，既保护了环境，减少资源浪费，又降低了能耗，是符合循环经济理念、实现节能减排的先进技术。其中二氧化硫吸收系统的吸收塔和海水水质恢复系统的曝气池是该项技术的核心内容。其主要流程是：炉内烟气经除尘器除尘后，由增压风机送入气—气热交换器（GGH）进行冷却，再进入吸收塔。来自电厂循环冷却系统的部分海水由喷淋泵打进吸收塔，在吸收塔内填料层，海水与烟气逆流充分接触、混合，达到脱除 SO_2 的目的。脱硫后的烟气经 GGH 升温后排出。吸收塔排出的海水经过海水恢复系统恢复达标后排放入海。

　　二、关键技术

　　吸收系统、海水恢复系统。

工程规模

　　1×300 MW 机组。

主要技术指标

　　系统脱硫效率>90%，系统可利用率≥95%；脱硫排水 pH 达到 6.8 以上，其他排放物达到电厂邻近海域海水水质功能区Ⅲ类标准要求；脱硫岛出口烟气温度≥70℃。

主要设备及运行管理

　　烟气海水脱硫主要系统包括：烟气系统、SO_2 吸收系统、海水供应系统和海水水质恢复系统等。

工程运行情况

秦皇岛电厂 3# 机组烟气海水脱硫系统自 2008 年 12 月底投运以来，各项指标均达到或优于设计指标，可在我国海滨条件适宜的火电厂推广应用。

经济效益分析

一、投资费用

总投资：11 294 万元。

二、运行费用

677.6 万元/年。

三、效益分析

每年可节约淡水 22 万 t、石灰石 19 250 t。

环境效益分析

SO_2 排放量由 10 938.4 t/a 降为 113 t/a，减排固体废弃物石膏 35 200 t/a。

工程验收

一、组织验收单位

河北省环境保护局。

二、验收时间

2008 年 12 月 31 日。

三、验收意见

同意验收。

联系方式

联系单位：北京国电龙源环保工程有限公司

联 系 人：杜景辉

地　　址：北京市海淀区西四环中路 16 号院 1 号楼 10 层

邮政编码：100039

电　　话：010-57659613

传　　真：010-57659619

E-mail：dujinghui@lyhb.cn

400 m² 烧结机循环流化床法烟气脱硫工程

技术依托单位

大连绿诺环境工程科技有限公司

推荐部门

大连市环境保护产业协会

工程分析

一、工艺路线

以循环流化床原理为基础，通过高效旋风分离器实现脱硫剂的多次再循环，提高脱硫剂利用率；通过合理配置烟气在反应塔内的流速，保证合理的流场分布，避免在大烟气量的情况下反应塔壁沾灰；保证合理的脱硫剂液滴雾化粒径，使之有较大的比表面积，能够与 SO_2 气体充分反应，大大提高脱硫效率。

二、工艺路线

烟气流程：反应塔底部→反应塔顶部→旋风分离器→布袋除尘器→增压风机→烟囱。

物料流程：石灰储罐→石灰消化器→浆液罐→喷枪→反应塔→旋风分离器→回料装置→反应塔；

回料装置→脱硫灰储仓；

布袋除尘器→脱硫灰储仓。

水流程：工艺水箱→喷枪→反应塔→烟囱（汽化水）。

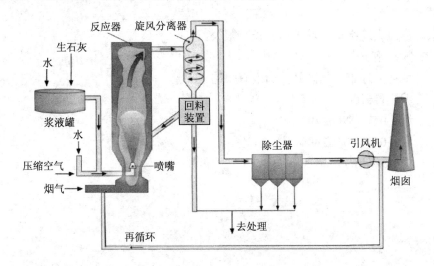

三、关键技术

以 GSCA 技术的基本理论为指导，结合大型烧结机烟气工况的特点，采用脱硫剂再循环技术、气流和浆液均布技术、仿真模拟技术、控制优化技术等形成该工艺的技术核心。

工程规模

400 m² 烧结机。

主要技术指标

反应塔出口 SO_2 平均浓度（标态）≤100 mg/m³。

脱硫系统出口烟尘浓度（标态）≤30 mg/m³。

出口烟气温度≥70℃。

脱硫副产物 100%利用。

脱硫率达到 92%。

主要设备及运行管理

熟化机、除砂机、三流体喷枪、工业软管泵、循环给料机、布袋除尘器、增压风机。

工程运行情况

邯钢 400 m² 烧结机烟气脱硫工程于 2008 年 12 月 30 日竣工以来，设备运行正常稳定，出口二氧化硫、烟尘均满足设计要求，达到《工业炉窑大气污染物排放标准》。项目已通过河北省环保局、邯郸市环保局两级主管部门的验收。

经济效益分析

一、投资费用

项目总投资：4 867 万元，其中，整个系统 3 546 万元（含原材料 1 530.8 万元），进口零部件 778 万元，其他设备、配件及辅助材料 66.9 万元。

二、运行费用

2 300 万元/年。

环境效益分析

年削减量二氧化硫 4 124 t，年削减量烟尘 647 t。

联系方式

联系单位：大连绿诺环境工程科技有限公司

联 系 人：隋玉美

地　　址：大连市金州区站前街道有泉路 11 号

邮　　编：116100

电　　话：0411-87662700

传　　真：0411-87662988

E-mail：rino@rinogroup.com

2010-S-35
工程名称

4×75 t/h 锅炉采用印染废水烟气脱硫改造工程

工程所属单位

浙江航民实业集团有限公司

技术依托单位

浙江航民实业集团有限公司

上海绿澄环保科技有限公司

上海市环境保护科学研究院设计所

推荐部门

中国环保产业协会脱硫除尘委员会

工程分析

印染废水脱硫工艺是以碱性的印染废水作为脱硫剂。烟气净化流程为：锅炉产生的烟气经过 7.2 万 V 三电场电除尘器除尘后，由引风机送至脱硫吸收塔，经过预喷淋处理后，在吸收塔内与印染废水逆向接触，烟气中的二氧化硫被吸收，净烟气通过除雾器后由烟囱排放。印染废水的流程为：印染废水经吹式超细栅网过滤机过滤后，进入 pH 调节池，均匀水质，通过脱硫液循环泵打入吸收塔，经喷嘴雾化后与烟气逆向接触，吸收二氧化硫后的废液流入沉淀池，经沉淀后上清液流入氧化池进行曝气，曝气氧化后的废液进入回流池，排入污水处理厂处理。

工程规模

4×75 t/h 锅炉。

主要技术指标

设计脱硫效率＞90%。

SO_2 排放浓度＜200 mg/m³。

工程运行情况

一、运行概况

工程经一年多的运行具有无需购买脱硫剂、运行电耗低、无脱硫剂制备和副产物处置系统、脱硫系统不易堵塞、工艺流程简单、自动化程度高、投资省检修方便、其运行费用只有石灰石-石膏法的 20%～30%、而脱硫效率能达到 95% 以上、二氧化硫排放浓度及烟尘排放浓度分别稳定在 50 mg/m³、20 mg/m³ 以下等特点。

二、主要运行参数

由于采取了上述工程技术措施，该脱硫系统自投运以来，运行稳定，在液气比小于 2.0

时，二氧化硫排放浓度在 50 mg/m³ 左右，烟尘浓度在 20 mg/m³ 左右，全年 SO₂ 减排量 5 000 余 t。

经济效益分析

一、投资费用

总投资：2 000 万元，其中，设备投资：1 300 万元。

二、运行费用

148 万元/年。

环境效益分析

目前该技术成功应用到航民集团内的另 3 台 75 t/h 循环流化床锅炉和 7 台 35 t/h 链条炉排锅炉及新疆多个工程上，达到环境效益和经济效益的双盈，同时也起到了印染废水 pH 综合及预沉淀等预处理工艺，降低了废水处理成本。

联系方式

一、上海绿澄环保科技有限公司

地　　址：上海市青浦工业园区北青公路 8205 号

邮　　编：201707

电　　话：021-59700800

传　　真：021-59701806

E-mail：shlvc@sh-lvc.com

网　　址：http：//www.sh-lvc.com

二、浙江航民实业集团有限公司

地　　址：中国浙江杭州萧山航民村

邮　　编：311241

电　　话：0571-82551588

传　　真：0571-82553288

E-mail：zjhm@hangmin.com.cn

网　　址：http：//www.hangmin.com.cn

2×150 t/h 锅炉石灰石-石膏法（兼容造纸白泥法）烟气脱硫工程

工程所属单位

山东寿光巨能金玉米开发有限公司

技术依托单位

福建鑫泽环保设备工程有限公司

推荐部门

福建省环境保护产业协会

工程分析

一、工艺路线

工程为 2×150 t/h 循环流化床锅炉烟气脱硫改造工程，脱硫系统设计采用石灰石-石膏法（兼容造纸白泥法）——高效空塔喷淋脱硫工艺。该工艺具有可适应的脱硫剂种类多、脱硫效率高、运行成本低及装置使用寿命长等优点。

工艺路线为：石灰石粉→制浆池→输送机械→脱硫塔→富液氧化→石膏浆液→脱水设备→干石膏分离→滤液→回浆液制备池。

二、关键技术

1. 可用造纸白泥废物作为烟气脱硫剂，达到"以废治废"的目的。

2. 配套设备采用 XZKP 型空塔喷淋烟气脱硫装置，其核心技术为：① 采用多级多喷头工艺技术，优选喷雾角度，提高喷淋覆盖率；② 脱硫液采用塔内外循环再生技术，在保障溶液再生效果的同时降低系统占地面积和一次性投资；③ 除雾器叶片矢量角采用优化设计，有效提高气水分离效果，降低烟气含湿量。

工程规模

2×150 t/h 锅炉；占地面积为 2 400 m^2。

主要技术指标

达到或优于国家环保标准（HJ/T 319—2006）。

主要设备

吸收塔、循环泵、制浆设施、压滤机、除雾器、氧化风机。

工程运行情况

工程自投运以来，经历了各种运行工况的变化，各主要设备运行正常，各项指标均达到或优于设计标准。

经济效益分析

一、投资费用

企业总投资：907 万元；其中，设备投资：597 万元，主体设备寿命：30 年。

二、运行费用

549 万元/年。

环境效益分析

SO_2 年脱除量 10 383 t/a。

工程验收

一、组织验收单位

潍坊市环保局。

二、验收时间

2008 年 8 月 18 日。

三、验收意见

同意通过验收。

联系方式

联系单位：福建鑫泽环保设备工程有限公司

联 系 人：吴金泉

地　　　址：福建省福州市工业路 611 号福建高新技术创业园

邮政编码：350002

电　　话：0591-83705919

传　　真：0591-83701235

E - mail：fjxzhb@163.com

2010-S-37

工程名称

2×200 MW 机组石灰石-石膏法烟气脱硫工程

工程所属单位

辽宁能港发电有限公司

技术依托单位

沈阳远大环境工程有限公司

推荐部门

辽宁省环境保护产业协会

工程分析

一、工艺路线

从电厂锅炉来的原烟气，由烟道进入吸收塔。在吸收塔内，烟气中的 SO_2 被吸收浆液洗涤并与浆液中的 $CaCO_3$ 发生反应，反应生成的亚硫酸钙在吸收塔底部的循环浆池内被氧化风机鼓入的空气强制氧化，最终生成石膏。

二、关键技术

吸收塔采用空塔，流速较高，使得塔直径较小，一次性投资较低；同时，由于采用空塔，吸收塔的阻力损失较小，使得增压风机的压头较大，动力消耗低。取消同塔等容积的事故浆液箱及吸收塔区域、脱水区域的地坑，只保留了制浆区地坑，同时在吸收塔区域设置一个 $300 \, m^3$ 容积的事故浆液池，运行时吸收塔系统及脱水系统的外排水均进入事故浆液池后返回吸收塔。此设置能降低投资及设备闲置率，并提高脱硫系统运行的稳定性。

工程规模

2×200MW 发电机组烟气脱硫。

主要技术指标

排放烟气中的二氧化硫的含量，不大于 $127 \, mg/m^3$，脱硫率达到 95%以上。

主要设备及运行管理

一、主要设备

湿式球磨机、增压风机、循环泵、氧化风机、石膏浆液排出泵、事故浆液泵、工艺水泵、除雾器冲洗水泵、真空皮带脱水机、吸收塔、石灰石浆液泵、旁路挡板门等。

二、运行管理

整个运行系统采用 DCS 自动控制系统，便于操作管理，操作人员数量较少。

工程运行情况

吸收塔运行稳定，SO_2 的去除率达 95%以上，吸收塔出口净烟气中 SO_2 含量小于 $127 \, mg/m^3$，达标排放；制成的石灰石浆液浓度 30%，石灰石粒径小于 325 目；石膏脱水后含水率为 10%，石膏产量 13.1 t/h。

经济效益分析

一、投资费用

7 000 万元。

二、运行费用

1 508.25 万元/年。

联系方式

联系单位：沈阳远大环境工程有限公司

联 系 人：王志伟

地　　址：沈阳经济技术开发区 13 号街 20 号

邮政编码：110027

电　　话：024-25271570　13332445598

传　　真：024-25271574

E-mail & URL：ydwzw@sina.com

2010-S-38

工程名称

2×300MW 机组坑口自备电厂
石灰石-石膏法烟气脱硫工程

工程所属单位

洛阳伊川龙泉坑口自备发电有限公司

技术依托单位

宇星科技发展（深圳）有限公司

推荐部门

广东省环境保护产业协会

工程分析

一、工艺路线

工程采用石灰石-石膏湿法烟气脱硫技术，脱硫剂为石灰石浆液，SO_2 与石灰石浆液在喷淋塔内反应后生成不稳定的亚硫酸钙，再用氧化空气强制氧化为石膏，整个工艺的脱硫效率≥95%。

二、关键技术

1. 工程采用三区（吸收、氧化、结晶）合一的喷淋空塔，简化了系统流程，减少了占地面积，增强了对锅炉负荷变化的适应性，提高经济性，降低总的能耗。

2. 工程采用了脉冲悬浮系统，避免安装机械搅拌器；采用池分离器技术，可以分别为氧化和结晶提供最佳反应条件。

3. 工程采用 CFX 模拟软件优化塔体尺寸，平衡了 SO_2 去除与压降的关系，使得资金投入和运行成本最低。

工程规模

工程占地面积 8 919.60 m^2，自备发电 2×300 MW 燃煤机组，配 2×1 025 t/h 亚临界压力一次中间再热自然循环汽包锅炉；每台炉配一套双室四电场静电除尘器。

主要设备

烟气系统、吸收系统、石灰石浆液制备系统、石膏脱水系统、排放系统。

工程运行情况

该系统自项目完成以来，由本公司负责运营维护，运行稳定，严格按设备运营管理制度对其进行维护管理，其间通过洛阳市环境监测站的验收。

经济效益分析

一、投资费用

工程一次性投资近 1 亿元，其中，设备投资近 6 000 万元。

二、运行费用

工程每年的运行费用约为 1 000 万元。

三、效益分析

脱硫系统产生固体废弃物——石膏不仅可用于电厂周边水泥厂的水泥缓凝剂外，还可外销作建筑用石膏原料及纸面石膏板，每年可获取经济净效益约 762 万元。

环境效益分析

通过工程的建设，将使电厂 SO_2 和烟尘的排放浓度和排放量大大降低，降低电厂锅炉排烟对周围大气环境的不利影响；脱硫后电厂 SO_2 和烟尘的排放浓度满足《火电厂大气污染物排放标准》（GB 13223—2011）的要求。

联系方式

联系单位：宇星科技发展（深圳）有限公司

联 系 人：杨恋

地　　址：深圳市南山区科技园北区清华信息港 B 座 3 楼

邮政编码：518057

电　　话：0755-26030802

传　　真：0755-26030929

2010-S-39
工程名称

4×50 MW 机组自备电厂电袋组合除尘器改造工程

工程所属单位

山西鲁能晋北铝业有限责任公司

技术依托单位

中钢集团天澄环保科技股份有限公司

推荐部门

湖北省环保产业协会

工程分析

一、工艺路线

燃煤锅炉空气预热器出口的烟气通过采用新技术的电袋组合除尘器的一电场电除尘部分对其高热、高浓度粉尘进行捕集，高热高浓度的粉尘通过除尘器一电场捕集后以系统风机所产生的负压为动力经过除尘管道汇合并引至袋式除尘单元入口处，被捕集的含尘烟气经过长袋低压袋式除尘器进行烟气净化、除尘后经卸灰阀、特制气力输送设备从除尘器卸出外运，达到国家烟气排放标准后经风机、烟囱排放到大气中。

二、关键技术

长袋低压脉冲袋式除尘技术。

工程规模

4台50MW燃煤锅炉机组。

主要技术指标

发电量：50 MW（最大50MW）

处理烟气量：600 000 m^3/h

烟气温度：130～160℃

除尘器出口烟尘排放浓度：≤30 mg/m^3

除尘器运行阻力：<1 300 Pa

滤袋寿命：30 000 h

除尘器本体漏风率：2%

主要设备及运行管理

一、主要设备

袋式除尘器、气动提升阀、脉冲阀、进口滤袋、高低压电气控制设备。

二、运行管理

制订运行管理及操作规程，要求运行人员做好运行记录。

工程运行情况

山西鲁能晋北铝业有限责任公司4×50 MW机组自备电厂电袋组合除尘器改造工程自2007年11月开始试运行，当年12月份正式竣工验收。该除尘系统至今运行将近两年多时间以来一直正常、稳定、可靠地无故障运行。

经济效益分析

一、投资费用

620万元（其中：设备投资1 620万元）。

二、运行费用

135万元/年，经济净效益300万元/年。

环境效益分析

提高粉煤灰回收量，多回收4 658.4 t/a。

联系方式

联系单位：中钢集团天澄环保科技股份有限公司

联 系 人：张志明

地　　址：武汉市东湖高新技术开发区光谷一路223号

邮政编码：430205

电　　话：027-59908230

传　　真：027-59908231

E-mail：zzm5218aa@vip.163.com

2010-S-40

工程名称

2×150MW 机组坑口热电厂电袋组合除尘改造工程

工程所属单位

开滦东方发电有限责任公司

技术依托单位

北票市波迪机械制造有限公司

推荐部门

辽宁省环境保护产业协会

工程分析

一、工艺路线

项目使用电袋组合除尘器，锅炉尾气经预热器出口后，从进风口水平进入前级电除尘区，约80%的烟尘在电除尘区的电晕电流作用下被收集下来，未被收集到的烟尘随气流均匀缓慢进入后级布袋除尘区，经过滤袋过滤后，气流在滤袋内部向上经过净气室、锁风阀，再折向水平烟道，经出风口、风机及烟囱排入大气，完成烟尘净化工艺。

二、关键技术

1. 采用一电三袋的结构形式，既保证电除尘区除尘效率与荷电功能，又可选取合理的滤袋过滤风速。

2. 合理布置除尘器内部通道，并在各通道进出口设置导流板及折流板，实现在线检修功能。

3. 通过气流分布模拟实验制定设计方案，保证电除尘区与布袋除尘区之间的气流分布均衡性。

4. 采用 3 寸淹没式电磁脉冲阀应用技术，既解决了大型机组除尘器中横向尺寸宽的问题，又可有效地保证清灰效率。

工程规模

2×150MW 机组。

主要技术指标

处理烟气量：<806 300 m³/h

烟气温度：<150℃

除尘器排放浓度：<50 mg/m³

运行阻力：<1 400 Pa

滤袋寿命：>30 000 h

脉冲阀膜片使用寿命：>100 万次

工程运行情况

该项目于 2009 年 5 月成功运行，各项参数优良，除尘效果显著。该项目使用至现在，运行稳定，深受用户好评。

经济效益分析

一、投资费用

该项目总投资：3 000 万元。

二、运行费用

该项目的运行费用 150 万元/年。

获奖情况

2007 年 3 月荣获朝阳市科技进步二等奖。

2007 年 10 月荣获辽宁省优秀新产品三等奖。

联系方式

联系单位：北票市波迪机械制造有限公司

联 系 人：隋月娥

地　　址：北票市桥北街东段 39 号

邮政编码：122100

电　　话：0421-5840808

传　　真：0421-5842395

E-mail：bpbd0808@sian.com

2010-S-41

工程名称

高炉喷煤系统袋式除尘工程

工程所属单位

天津钢铁有限公司

技术依托单位

洁华控股股份有限公司

推荐部门

浙江省环境保护产业协会

工程分析

一、工艺路线

原煤从堆煤场经提升机提升后送入原煤仓，通过给煤机送入煤磨。经碾磨的合格煤粉和来自干燥炉的干燥气体在磨煤机内混合、加热，煤粉中水分蒸发，碾磨干燥后的煤粉同热风一道由磨煤机排出，气、固两相流经煤粉输送管道进入高浓度煤粉袋式除尘器内，气、固分离，煤粉从除下部进入煤粉振动筛，去除杂质后落入煤粉仓，从高浓度煤粉袋式收集器经过净化的尾气经煤粉通风机、消声器及烟囱后高空排入大气。

二、关键技术

1. 采用离线低压脉冲喷吹清灰技术，清灰效果进一步提高，保证每条滤袋都保持最高的工作效率。

2. 采用高强度波浪式梯形截面压型板结构，提高了壁板的强度和刚度，具有节省材料、减少变形的特点，并采用分室结构，模块化组合。

3. 采用先进的防爆技术和防水防油防静电滤袋，设计大锥度灰斗角，铝制离线阀，氮气作为喷吹气源，消除了静电和摩擦产生的火花。

4. 除尘器除了对清灰控制外，还包括系统的启动、自动停机、事故或有紧急信号时的报警、自动充氮等。仪表过程控制主要包括系统气体温度、压力及含氧浓度的在线监测控制，等防火、防爆安全措施，保证煤粉收集及净化系统安全可靠运行。

工程规模

3 200 m^3 高炉喷煤工程煤粉收集及净化系统。

主要技术指标

1. 产品的处理风量：71 550～313 200 m^3/h

2. 产品的过滤风速：＜0.75～0.8 m/min

3. 产品允许入口浓度：＜800 g/m^3

4. 产品允许烟气温度：≤120℃

5. 产品的出口含尘浓度：＜50 mg/m^3

6. 产品的设备阻力：1 000～1 400 Pa

7. 设备漏风率：＜3%

主要设备及运行管理

一、主要设备

LCMM 型防爆脉冲袋式除尘器、控制系统及煤粉仓仓顶除尘器一套。

二、运行管理

除尘器控制设计为集中控制（DSC 远程控制）加机旁控制，整个净化系统的自控功能齐全。

工程运行情况

工程开始运行以来、一直运行稳定，经天津市东丽环境保护监测站监测，排放浓度仅为 15 mg/m^3，在满负荷运行的情况下，除尘效率达到 99.99%，达到《工业炉窑大气污染物排放标准》（GB 9078—1996）高炉及高炉出铁场一级排放的要求。

经济效益分析

一、投资费用

总投资：275 万元，其中，设备投资：178 万元。

二、运行费用

165 万元/年。

三、效益分析

高炉喷煤工程煤粉收集及净化系统优化，由多级收尘改为一级收尘，大大简化了制粉工艺，制粉工艺优化和系统全负压使设备维护工作量减小，安全性增加，系统漏风，漏粉点减少，阻力下降，设备可开动率提高，环境改善，产量升高，电耗降低。

环境效益分析

工程整体结构合理，性能优良，排放经监测平均排放浓度为 15 mg/m^3，除尘效率达到了99.99%，改善了作业场所和周围的环境，并无二次污染发生，取得了良好的环境效益和社会效益。

工程验收

一、组织验收单位

天津市东丽区环境保护局。

二、验收时间

2007 年 1 月。

三、验收意见

同意验收。

联系方式

联系单位：洁华控股股份有限公司

联 系 人：顾利定

地 址：浙江省海宁市洁华工业区（01 省道 58 公里处）

邮政编码：314419

电 话：0573-87855388

传 真：0573-87855268

E-mail & URL：xiaguoping@jiehua.com

2010-S-42

工程名称

柳钢焦化厂1、2、3号焦炉布袋除尘工程

工程所属单位

柳州钢铁（集团）股份有限公司

技术依托单位

中钢集团天澄环保科技股份有限公司

推荐部门

湖北省环保产业协会

工程分析

一、工艺路线

焦炉烟气主要是指焦炉在推焦、装煤时产生的烟气。由于该烟气瞬间产生量大、烟气扩散面广、烟气捕集难度大及投资费用、运行成本高等因素造成钢铁企业大气环境污染严重。柳钢焦炉厂现有 3 座型号为 4.3 m 的焦炉,共 117 个出焦孔,年产焦炭 70 万 t。焦炉在生产过程中,大量的烟气从出焦口及装煤口外逸,项目本着节约投资、降低运行费用的原则,三座焦炉的推焦烟气、装煤烟气分别采用一套除尘系统进行净化处理。每座焦炉的推焦烟气、装煤烟气分别由除尘罩捕集后经风管,接至长袋低压脉冲袋式除尘器,净化后的气体经风机由烟囱排至大气,除尘器收集下的粉尘经过加湿后由汽车定期送走。

二、关键技术

袋式除尘技术在焦炉拦焦除尘和煤粉中运用,除尘系统管道及除尘器设备要求防爆,整套除尘系统稳定正常运行,系统阻力较低,系统能耗降低。

工程规模

3 座焦炉,总投资 990 万元。

主要技术指标

粉尘排放浓度≤20 mg/m³。

主要设备及运行管理

一、结构组成

袋式除尘器由上箱体、喷吹装置、中箱体、灰斗和支架、自控系统组成。

二、运行管理

制定运行管理及操作规程,要求运行人员做好运行记录。

工程运行情况

一、运行概况

工程于 2006 年 7 月投运至今,运行稳定、可靠,各参数均达到或超过设计要求,低于国家规定的废气排放标准。

二、主要运行参数

粉尘排放浓度:≤20 mg/m³。

平均除尘效率:≥99%。

经济效益分析

一、投资费用

总投资:990 万元,其中,设备投资:500 万元。

二、运行费用

240 万元/年。

三、效益分析

经济净效益 300 万元/年，投资回收年限 4 年。

环境效益分析

项目实施后，柳钢 1、2、3 号焦炉的推焦烟气、装煤烟气的捕集能力达到原设计要求，整个除尘系统运行稳定，烟气净化效果好，无二次扬尘，烟气污染得到有效控制。经柳州市环保监测站对该系统进行竣工验收鉴定监测表明，焦炉烟气经除尘系统净化后，外排烟气粉尘浓度为 19 mg/m³，除尘系统粉尘去除率达到 99%，达到设计要求，优于国家规定的废气排放标准。

联系方式

联系单位：中钢集团天澄环保科技股份有限公司

联 系 人：杨来怡

地　　址：湖北省武汉市东湖新技术开发区光谷一路 223 号

邮政编码：430205

电　　话：027-59908224

传　　真：027-59908223

E-mail：tiancheng@sinosteel.com

2010-S-43

工程名称

武钢鄂州球团厂球团烧结机电除尘工程

工程所属单位

武汉钢铁集团矿业有限责任公司

技术依托单位

中钢集团天澄环保科技股份有限公司

推荐部门

湖北省环境保护产业协会

工程分析

一、工艺路线

工程设计规模为年产 500 万 t 优质酸性氧化球团矿，采用的链算机-回转窑-环冷机工艺。工程在鼓风干燥（UDD 段）配一台 155 m³ 四电场工艺电除尘器，抽风干燥（DDD 段）配一台 294 m³ 双室四电场工艺电除尘器，过渡预热（TPH 段）配一台 155 m³ 四电场工艺电除尘器。含尘烟气经电式除尘器净化后，通过引风机至烟囱排放。

二、关键技术

电除尘器除尘原理是灰尘尘粒通过高压静电场时，与电极间的正负离子和电子发生碰撞而荷电或在离子扩散运动中荷电，荷电后的尘粒在电场力的作用下向异性电极运动并积附在异性电极上，通过振打等方式使电极上的灰尘落入集灰斗中。实践证明静电场场强越高，电除尘器效果越好，且以负电晕捕集灰尘效果最好，所以，电场设计为高压负电晕电极结构型式。

主要技术指标

工程 DDD 段电除尘器系统运行参数如下：

工况烟气量：1 054 250 m³/h

标态烟气量：612 300 m³/h

烟气正常温度：169℃

烟气瞬间温度：300～350℃

设备耐温：250℃

设备阻力：300～400 Pa

排放浓度：43～45 mg/m³

漏风率：1.21%～1.24%

工程运行情况

工程于 2006 年 2 月投运至今已超过 4 年，运行稳定、可靠，各参数均达到或超过设计要求。

经济效益分析

一、投资费用

示范工程总投资费用为 2 309.449 2 万元，其中，设备投资约 1 390.032 2 万元。

二、运行费用

年运行费用约为 390 万元。

三、效益分析

收下的铁矿粉可作为回收利用，综合收益为 650 万元。

环境效益分析

如果没有此除尘措施，对大气环境质量造成严重污染。应用后，由于采用了先进高效的除尘设备，除尘效率高达 99.1%，出口排放仅 43～45 mg/m³，年削减粉尘总量约 5 000 t。

联系方式

联系单位：中钢集团天澄环保科技股份有限公司

联 系 人：杨来怡

地　　址：湖北省武汉市东湖新技术开发区光谷一路 3 号

邮政编码：430205

电　　话：027-59908224

传　　真：027-59908223

E-mail：tiancheng@sinosteel.com

2010-S-44
工程名称

首钢京唐钢铁联合有限责任公司一期项目炼铁厂料仓袋除尘工程

工程所属单位

首钢京唐钢铁联合有限责任公司

技术依托单位

中钢集团天澄环保科技股份有限公司

推荐部门

湖北省环境保护产业协会

工程分析

一、工艺路线

首钢京唐公司两座 5 500 m³ 高炉采用一座联合料仓，料仓呈并列式布置：焦炭仓共 9 个，烧结矿仓共 9 个，球团矿仓共 4 个，块矿仓共 3 个，杂矿仓共 4 个，焦丁仓 1 个，矿丁仓 1 个。槽上 5 条胶带机及卸料车；槽下烧结矿、球团矿、杂矿以及焦炭等经筛分后，分散称量，筛上料进集中称量斗，经主皮带分别向两座高炉上料。筛下料进焦丁、矿丁筛分楼，进一步筛分，筛上料经皮带转运进称量斗称量后下到高炉上料主皮带。

根据工艺特点将以上区域划分为三个除尘系统并排布置，分别将各抽风点捕集的含尘气体经管道送入长袋低压脉冲袋式除尘器净化后经风机、烟囱外排。

袋式除尘器收集的粉尘由灰斗卸灰阀分别依次卸往各支埋刮板输送机，再经集合埋刮板输送机、斗式提升机送入储灰仓，由吸入式密闭罐车运走。各灰斗壁均设置仓壁振打器。除尘器储灰斗积灰由操作人员每班定时卸放；储灰仓中积灰定时装汽车运走。

除尘系统的工作制式为长期运行。运行控制方式采用自动控制和现场手动控制相结合的方式，可在除尘控制室内或机旁操作。

二、关键技术

（1）胶带机受料点处密闭均采用双层密闭罩，它具有密闭效果好，控尘能力强，所需风量小，结构简单，便于拆卸，不影响生产操作及维护等特点；

（2）在管网配置中，根据原料生产工艺流程特点，合理划分每支干管治理的除尘区域；

（3）管网采用手动风量调节器进行调节风量平衡；

（4）针对高炉原料粉尘特性，选用我公司设计的长袋低压脉冲除尘器，具有净化性能高，设备运行阻力低，滤袋使用寿命长等优点；

（5）仓顶卸料采用移动通风槽技术；

（6）采用耐磨弯管以提高系统管网寿命。

工程规模

工程总投资费用为 4 500 万元。

主要技术指标

除尘系统风量：2 550 000 m³/h；

烟气温度：≤80℃；

除尘器进口浓度：5 000 mg/m³；

除尘系统排放浓度：≤20 mg/m³；

岗位含尘浓度：≤5 mg/m³（扣除本底浓度）；

除尘器运行阻力：≤1 500 Pa；

尘源点烟尘捕集率：≥98%；

平均除尘效率：≥99.6%。

主要设备及运行管理

一、主要设备

移动通风槽装置、胶带机双层密闭罩、除尘器、风机、电机、消声器、自动控制系统。

二、运行管理

制订《除尘系统运行管理及操作规程》，要求运行人员必须严格执行，同时要求运行人员做好运行记录。

工程运行情况

一、运行概况

从 2009 年 4 月 20 日竣工验收迄今，该项目中的所有设备及除尘管网系统运行平稳、可靠，未出现故障现象，所有运行参数全部达标，得到业主方的高度评价。

二、主要运行参数

除尘系统排放浓度：18 mg/m³；

岗位含尘浓度：≤5 mg/m³（扣除本底浓度）；

除尘器运行阻力：1 200 Pa；

尘源点烟尘捕集率：≥98.8%；

平均除尘效率：≥99.6%；

以上运行参数均优于设计值。

经济效益分析

一、投资费用

总投资费用为 4 500 万元，其中，设备投资约 2 600 万元。

二、运行费用

年运行电费 3 200 万元。

三、效益分析

每年可回收粉尘 108 000 t，该粉尘可进入烧结重复使用，按每吨 200 元计算，每年在回收粉尘的创造环保效益的较少排污费同时，可创造经济价值 2 160 万元。

环境效益分析

首钢京唐钢铁联合有限责任公司是北京首钢环保搬迁项目，是国家重点项目，首钢京唐公司工艺设备投产的同时，环保设备必须同时投产并达标。除尘系统采用高效脉冲袋式除尘器，无论进口粉尘浓度多高，出口排放仅 16.7～18.6 mg/m^3，确保了首钢京唐公司高炉联合料仓除尘系统与生产同步，并环保排放达标。

获奖情况

荣获 2010 年湖北省优秀工程设计三等奖。

联系方式

联系单位：中钢集团天澄环保科技股份有限公司

联 系 人：王进

地　　址：武汉市东湖新技术开发区光谷一路 3 号

邮政编码：430205

电　　话：027-59908233

传　　真：027-59908235

E-mail：wangjin71@126.com

2010-S-45

工程名称

煤矿煤场挡风抑尘墙工程

工程所属单位

兰花科创股份有限公司望云煤矿

技术依托单位

山西尚风科技股份有限公司

推荐部门

山西省环境保护产业协会

工程分析

一、工艺路线

挡风抑尘墙工艺路线及技术原理：挡风抑尘墙在一定高度上开有若干体积的通风孔，当风通过时可以最大限度地减少来流风的动能，避免来流风的明显涡流，减少风的湍流度已达到减少起尘的目的。挡风抑尘墙利用支架结构将挡风抑尘板安装在一定高度，根据空气动力学原理，当风通过挡风抑尘墙时，墙后面出现分离和附着两种现象，形成上、下干扰气流，降低来流风的风速，极大的损失来流风的动能；减少风的湍流度，消除来流风的涡流；降低堆料表面的剪切应力和压力，从而减少料堆起尘率。

同时，对于由于装卸作业而形成的飘尘，通过非主导风向设置的挡尘墙予以阻挡，达到理想的抑尘效果。

二、关键技术

关键技术设备：抑风板和挡尘板，抑风板主要功能为对主导风向的强风进行抑制，降低风的动能，使其携尘能力大幅度降低。挡尘板主要功能是将作业过程中产生的飘尘在非主导风向进行有效阻挡，挡抑结合，起到理想的抑尘作用。

工程规模

工程总投资：616.77 万元，总扬尘治理面积 7 760 m^2。

主要技术指标

阻风率：68%～72%；

抑尘率：85%；

阻燃性能：二级阻燃；

使用寿命：20 年。

工程运行情况

项目已正常运行 3 年多，抑尘率 85%，起到很好的抑尘效果。

经济效益分析

一、投资费用

工程总投资：616.77 万元。

二、运行费用

设备运行维护费用：0.5 万元/年。

三、效益分析

可节约大量的物料损失。

环境效益分析

挡风抑尘墙建成后，可使粉尘污染大大降低，美化了周边地区的景观效果，达到环保部门的要求，可以使原来污染严重的堆煤场变成绿色环保堆煤场。

工程验收

一、组织验收单位

晋城市环境保护监测站。

二、验收时间

2006 年 12 月 12 日。

三、验收意见

同意验收。

获奖情况

2006 年被山西省环保产业协会授予"山西省推荐环保产品"。

联系方式

联系单位：山西尚风科技股份有限公司

联 系 人：韩彬

地　　址：山西省太原市高新技术开发区技术路 20 号天佳科技大厦 205 室
邮政编码：030006
电　　话：0351-4078087
传　　真：0351-7028375
E-mail：sxhd390@126.com

2010-S-46
工程名称

腈纶厂二甲胺废气异味治理工程

工程所属单位
　　中国石油化工股份有限公司齐鲁分公司（腈纶厂）
技术依托单位
　　复旦-派力迪污染控制工程研究中心
推荐部门
　　山东省环保产业协会
工程分析
　　一、工艺路线
　　工程采用双介质阻挡放电低温等离子体专利技术，工艺流程如下：

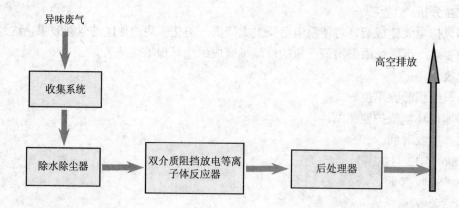

　　二、技术原理
　　采用双介质阻挡放电，放电过程中电子从电场中获得能量，通过碰撞将能量转化为污染物分子的内能或者动能，这些获得能量的分子被激发或发生电离形成活性基团，同时空中的氧气和水分在高能电子的作用下也可产生大量的新生态氢，臭氧和羟基氧等活性基团，这些活性基团相互碰撞后便引发了一系列复杂的物理、化学反应。从等离子体的活性基团组成可以看出，等离子体内部富含极高化学活性的粒子，如电子、离子、自由基和激发态分子等。废气中的污染物质与这些具有较高能量的活性基团发生反应，最终转化为 CO_2 和 H_2O 等物质，从而达到净化废气的目的。

工程规模

总投资：165 万元，其中，设备投资：148 万元；

运行费用：10.36 万元/年，经济净效益：52.8 万元/年；

占地面积：40 m^2，投资回收年限：3 年。

主要技术指标

1. 处理规模：1 000 m^3/h；

2. 进气污染物浓度：二甲胺≤300 mg/L、DMF 等有机胺≤10 mg/L；

3. 处理后排气污染物浓度：二甲胺≤3 mg/L，去除效率：>99%；

4. DMF 等有机胺≤1 mg/L，去除效率：>90%；

5. 额定功耗：3～5W/m^3 废气。

主要设备及运行管理

一、主要设备

双介质阻挡放电低温等离子体反应器：整个工艺的核心技术关键设备，在该反应器中，废气中的恶臭污染物质被破坏、分解。

后处理器：采用改性填料为填充塔，可有效吸附碎片粒子和活性氧等，并促进吸附在填料塔上的这些成分发生氧化反应。

二、运行管理

设备 24 h 不间断运行，由齐鲁分公司腈纶厂安环部具体进行设备管理，山东派力迪环保工程有限公司定期进行设备保养维护。

工程运行情况

工程 2008 年 7 月投入运行，投入运行至今稳定运行，处理效果非常好，彻底解决了腈纶厂周边恶臭污染的问题。

经济效益分析

一、投资费用

总投资：165 万元。其中，设备投资：148 万元。

二、运行费用

运行费用：10.36 万元/年。

三、效益分析

经济净效益：52.8 万元/年。

其他环境效益

采用双介质阻挡放电低温等离子技术工程，减少了腈纶厂尾气中的二甲胺（DMA）30 t/a、二甲基甲酰胺（DMF）1.3 t/a。

联系方式

联系单位：山东派力迪环保工程有限公司

联 系 人：刘维东
地　　址：山东省淄博市柳泉路北首三林工业园
邮政编码：255086
电　　话：0533-6218855
传　　真：0533-6218856
E-mail：sdpld@sdpld.com

2010-S-47
工程名称

郫县城市生活垃圾焚烧处理厂二期工程

技术依托单位

海诺尔环保产业股份有限公司

推荐部门

四川省环保产业协会

工程分析

一、工艺路线

工程采用具有自主知识产权的往复式机械炉排炉，利用三个燃烧段之间的落差，通过炉排片的往复运动，促使垃圾跌落翻滚，在焚烧过程中得到充分地搅动，提高了焚烧效率，并在全焚烧工艺中配置高效的袋式除尘器和采用半干法烟气净化处理技术，严格控制二噁英类等有机物的污染排放，达到国家的排放标准。

二、关键技术

对炉排、炉膛、供风系统进行优化设计。

工程规模

200 t/d。

主要技术指标

符合国家标准《生活垃圾焚烧污染控制标准》（GB 18485—2001）。

主要设备

往复式机械炉排炉、降温塔、空气热换器、碱液系统、半干法废气吸收塔、气箱脉冲袋式除尘器、空压机、送风机、引风机。

工程运行情况

郫县城市生活垃圾处理厂二期工程于 2010 年 3 月通过验收以来，项目稳定达到设计要求。

投资效益分析

一、投资费用

总投资：3 500 万元。其中，设备投资：2 018 万元，主体设备寿命：20 年。

二、运行费用

484 万元/年。

环境效益分析

垃圾焚烧厂建成后对改善环卫工作条件，提高环卫管理水平，促进环卫科技发展均将起到积极作用。

获奖情况

获 2007 年四川省环境保护科学技术二等奖。

联系方式

联系单位：海诺尔环保产业股份有限公司

联 系 人：潘志成

地　　址：四川省成都市新华大道文武路 42 号新时代广场 23 楼

邮政编码：610017

电　　话：028-86749080

传　　真：028-86749080

E-mail & URL：pan66@126.com

2010-S-48

工程名称

生物发酵舍养猪污水零排放技术项目

工程所属单位

辽宁省北镇市大雁种猪场

技术依托单位

福建洛东生物技术有限公司

推荐部门

福建省环境保护产业协会

工程分析

1. 基本原理

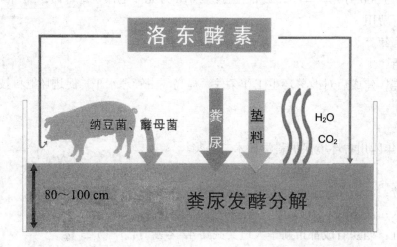

洛东生物发酵舍零排放养猪技术原理图

2. 垫料中的工作原理

将洛东饲料添加剂、锯木屑、谷壳、米糠、生猪粪按一定比例掺拌并调整水分堆积发酵，然后铺垫猪舍（40～100 cm），使垫料形成以有益菌为强势菌的生物发酵垫料，猪舍中病源菌得到抑制，保证了生猪的健康生长。该生物发酵垫料中的有益菌以生猪粪尿为营养保持运行，调整养殖密度，使生猪粪尿得到充分分解，其水分大部分被蒸发，达到猪舍无臭、无排放的环保要求，猪舍垫料一次投入，可连续使用三年不用更换。

3. 在猪体内的工作原理

洛东饲料添加剂中含有纳豆芽孢杆菌及酵母菌，进入猪的肠道内会共同作用产生代谢物质和淀粉酶、蛋白酶、纤维酶等，同时还消耗掉肠道内的氧气，这都给乳酸菌、双歧杆菌的繁殖创造了良好的生长环境，从而改善了生猪肠道的微生态平衡，增强抗病能力，提高对饲料的吸收率，大大减少生猪粪尿的臭味。

工程规模

生物发酵舍零排放猪舍 1 400 m²，截至目前，用该技术养猪存栏达 1 800 头，先后出栏生猪超过 6 000 头。

主要技术指标

1. 达到无污水排放，通过了环保部门对养殖场的综合验收；

2. 猪舍无臭味，经测定猪场场界恶臭符合 GB 14554—1993 标准；

3. 节能降耗，节约用水 80%，提高饲料利用率 10%；

4. 猪肉品质好，使用该技术饲养出来的生猪猪肉经福建省分析测试中心检验，达到《无公害食品　猪肉》（NY 5029—2008）和《分割鲜、冻猪瘦肉》（GB 9959.2—2008）标准；

5. 发酵床垫料可转化为生物有机肥的基材或改良土壤的肥料，生物发酵舍使用的垫料废弃物中重金属的含量达到《有机—无机复混肥料》（GB 18877—2009）要求，基本养分有机质含量、pH 值达到《有机肥料》（NY 525—2011）的要求。

主要设备及运行管理

主要设备：卷帘、发酵床、自动饮水器、滴水机、小型挖掘机车。

工程运行情况

截至目前，用该技术养猪存栏达 1 800 头，先后出栏生猪超过 6 000 头。

获奖情况

2009 年被列入环保部《国家鼓励发展的环境保护技术目录》。

联系方式

联系单位：福建洛东生物技术有限公司

联 系 人：陈永明

地　　　址：福建省福州市福飞南路 133 号省府办干训中心 3 号楼

邮政编码：350003

电　　话：0591-87410121

传　　真：0591-87821004

E-mail：cmy-9229@163.com

2010-S-49

工程名称

50 万 t/a 钢渣热闷生产线钢渣"零排放"工程

工程所属单位

九江中冶环保资源开发有限公司

技术依托单位

中国京冶工程技术有限公司

工程分析

一、工艺技术路线

来自转炉炼钢车间的熔融钢渣直接倒入热闷装置，盖上热闷装置盖，由 PLC 自动控制喷水，产生蒸汽对钢渣进行热闷、消解、粉化，当热闷周期结束时自动打开排气阀，泄出装置内余留蒸汽后，再开盖出渣。粉化钢渣用挖掘机抓出放到筛孔为 200 mm 的振动给料筛上分选，大于 200 mm 的渣钢经切割、破碎后返回炼钢工序再利用，小于 200 mm 的钢渣落入筛下的振动给料机，经过电磁除铁器选出铁后，进入液压颚式破碎机进行破碎至 40 mm 以下，再经电磁除铁器及永磁滚筒选出铁后成为尾渣送入尾渣堆场。该尾渣将作为二期工程（钢铁渣复合粉生产线）的原料。

二、关键技术

该技术是利用 1 600℃左右熔融钢渣的余热，喷水产生水蒸气，热渣在水的冷却下，表层迅速降温。由于温度梯度发生迅速变化产生的应力使钢渣碎裂并产生许多裂缝。大量低压水蒸气很快被吸附于渣的表面和大小不同的裂缝中，水蒸气与钢渣中的游离氧化钙（f-CaO）、游离氧化镁（f-MgO）迅速反应，消解生成 $Ca(OH)_2$ 和 $Mg(OH)_2$，前者体积膨胀 98%，后者体积膨胀 148%，进而使钢渣粉化，由于 f-CaO、f-MgO 得到充分消解，使钢渣的稳定性大大提高，保证了钢渣后续做建材制品或混凝土掺合料不会出现开裂等现象。

工程规模

年处理钢渣 50 万 t。

主要技术指标

经热闷工艺处理后：粒径大于 200 mm 的渣钢全铁品位（TFe）≥90%，粒径 40～200 mm 的渣钢 TFe≥80%，粒径小于 40 mm 磁选粉 TFe≥35%，粒径小于 40 mm 的尾渣金属铁含量（TFe）<3%。

主要设备

融熔钢渣热闷装置、液压颚式破碎机、桥式双梁起重机、电磁吊钩桥式起重机、磁选机、振动给料筛。

工程运行情况

工程自 2009 年 7 月投入运行以来，一直运行良好，经双方共同检测，尾渣金属铁含量<1.5%，优于总承包合同规定的<3%要求，充分保证了尾渣的资源化利用。

经济效益分析

一、投资费用

工程总投资：7 893 万元。

二、效益分析

废钢渣通过工程采用熔融钢渣热闷工艺处理，与原工艺相比，得到的尾渣中金属铁含量由原来 5%下降到 1.2%，累计多回收 2.2 万 t 金属铁，直接经济效益达 1 943 万元。

环境效益分析

工程每年可处理 50 万 t 钢渣，不仅可以回收部分金属铁资源，同时产生的尾渣可以全部用于生产钢渣粉或建材产品，实现了钢渣"零排放"的目标。同时解决了原有钢渣堆存大面积占用土地问题，每年节省钢渣占地约 50 亩。

联系方式

联系单位：中国京冶工程技术有限公司

联 系 人：何莉

地   址：北京市海淀区西土城路 33 号

邮政编码：100088

电   话：010-82227604

传   真：010-82227657

E-mail：hb7604@126.com

2010-S-50
工程名称

黄金矿山采选综合利用生态环境保护工程

工程所属单位

中矿金业股份有限公司

技术依托单位

东北大学

推荐部门

山东省环保产业协会

工程分析

一、工艺路线

项目的主要内容包括：

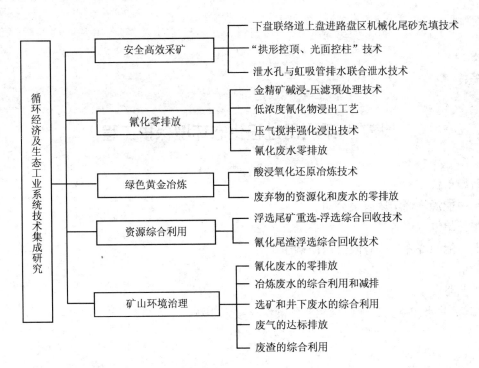

二、关键技术

1. 矿山安全高效开采关键技术；

2. 氰化生产零排放关键技术；

3. 黄金绿色冶炼关键技术；

4. 尾矿综合利用关键技术；

5. 矿山环境治理关键技术；

6. 黄金矿山生态工业和循环经济总体链网体系构建。

工程规模

日采矿量 8 000 t；日处理选矿尾矿 8 000 t；日处理氰化尾渣 1 000 t。

获奖情况

2007 年中国生态小康建设"十大重点推荐生态技术"。

山东省科技进步二等奖。

联系方式

联系单位：中矿金业股份有限公司

联 系 人：李建波

地　　址：山东省招远市辛庄镇北截村东

邮政编码：265401

电　　话：0535-8319001

传　　真：0535-8319003

E-mail：sjb333999@sina.com

2010-S-51

工程名称

煤矿开采利用过程生态环境保护工程

工程所属单位

冀中能源峰峰集团有限公司

技术依托单位

冀中能源峰峰集团有限公司梧桐庄矿

工程分析

工艺路线

1. 矿井水控制、处理、利用、回灌综合技术工程

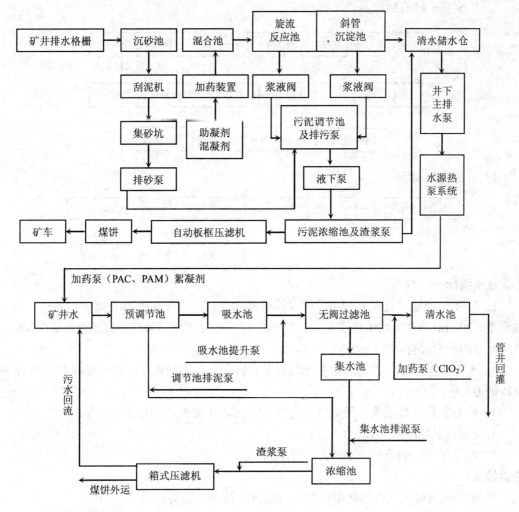

2. 水源热泵系统

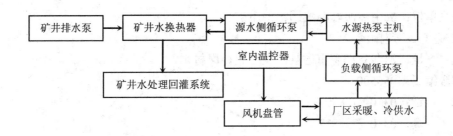

3．梧桐庄矿矸石回填置换工程

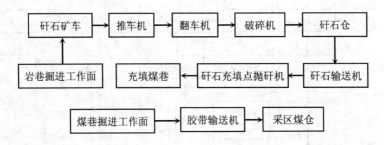

4．全封闭储煤场

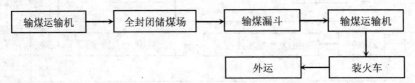

主要技术指标

1．矿井水控制、处理、利用、回灌综合技术工程，井下矿井水处理澄清系统，日处理水量 7 200 m³ 处理后水的色度在＜25 之内。矿井水处理回灌系统，日处理水量 7 200 m³ 处理后水的浊度保持在 6 mg/L 以下。

2．水源热泵系统，水源热泵系统装机制热容量达 16.2MW（同时尚可提供 13MW 的制冷能力）。

3．矸石置换充填系统，日处理能力为 650 m³，年处理能力达 21.45 万 m³。

4．全封闭储煤场，储量为 7 万 t。

5．噪声治理，隔音墙长 800 m，高 5 m。

获奖情况

2009 年荣获煤炭工业协会中国煤炭工业科学技术一等奖。

2009 年荣获冀中能源峰峰集团创新成果一等奖。

联系方式

联系单位：冀中能源峰峰集团梧桐庄矿

联 系 人：赵国清

地　　址：河北省邯郸市磁县固义乡北神岗村东

邮政编码：056500

电　　话：0310-7738897

传　　真：0310-7738817

E-mail：mcs64180@126.com

西宁市历史遗留铬渣综合治理 1 万 t 试验性处置工程

工程所属单位

中环瑞彩科技（北京）有限公司

技术依托单位

中环瑞彩科技（北京）有限公司

推荐部门

青海省环保厅

工程分析

1. 技术原理

采用湿法研磨技术将铬渣（包括含铬铝渣、含铬酸泥等）于湿式球磨机中，充分混合、磨细至 200 目，铬酸钠等水溶性六价铬溶出的同时一定程度上破坏铬铝酸钙、碱式铬酸铁及化学吸附的六价铬的结构，同时破坏掉含铬铝渣的聚合型胶体及含铬酸泥的黏稠状膏体结构，使含铬废渣中的大部分水溶性六价铬溶出，真空过滤分离，滤液经循环富集后回收制氢氧化铬；脱水后的铬渣加水稀释后定量加入酸性药剂及辅助溶剂，进一步破坏含铬废渣中的铬酸钙、铬铝酸钙晶格及硅酸二钙—铬酸钙固熔体、铁铝酸钙—铬酸钙固熔体结构，使含铬废渣中剩余的水溶性六价铬及酸溶性六价铬充分溶解并转入液相。控制反应酸度，加入解毒药剂，彻底还原铬渣中的六价铬，使其转化为三价铬，并固化在解毒后的铬渣中，解毒铬渣水浸 pH 控制在 6.5～8.5。

2. 工艺过程

（1）渣场整理与铬渣挖掘

用挖机、铲车将渣场表层覆盖的黏土及建筑垃圾或生活垃圾挖掘出来并同下层铬渣按 1∶3 比例混合配比后运至铬渣处置生产线进行处理。

（2）铬渣运输

七一路延长段渣场铬渣均按危险废物的运输要求采用汽车将其运输至处置厂铬渣暂存库。

（3）铬渣输送

用装载机将适合于湿式球进料粒径的铬渣送入喂料平台，通过螺旋输送机将铬渣均匀分布在皮带输送机的皮带上，输送至球磨机下料斗。

（4）湿法球磨

利用球磨机对铬渣进行湿磨，将铬渣粉碎至 200 目以上，进入旋流分离装置。

（5）旋流分离

球磨粉碎后的铬渣进入旋流分离装置进行旋流分离，粒度小于 200 目的铬渣浆料进入调节池，粒度大于 200 目的铬渣返回球磨机再进行湿磨粉碎。

（6）铬资源回收

铬渣泥浆经沉清后固液分离，铬渣中大部分水溶性六价铬进入液相，加入还原剂和沉淀剂将六价铬转化为三价铬沉淀，回收铬资源以减少铬渣中总铬含量。

（7）酸化浸泡

浓缩后的铬渣浆料加入一定量的工艺循环水或清水调整固液比，边搅拌边加入酸化剂进行酸化浸泡至 pH 稳定在 5.5 以下，充分溶出铬渣中的酸溶性六价铬。

（8）还原解毒

酸化浸泡好的铬渣泥浆中加入还原剂，将溶出的六价铬还原沉淀后生成氢氧化铬，达到铬渣解毒无害处置的目的。

（9）熟化陈放

还原解毒后的铬渣泥浆经渣浆泵管道输送至熟化池陈放 12 h 以上。熟化陈放的目的有两个：一是增加酸化浸泡及还原解毒时间，提高浸取率，稳定解毒效果；二是将液体中三价铬转化为氢氧化铬沉淀分离，残余的三价铬固化在解毒后铬渣中，杜绝二次污染。

（10）真空脱水

熟化陈放后的铬渣泥浆经检验合格进入真空脱水机进行脱水，过滤脱水后的铬渣用皮带输送机输送至暂存场堆存；滤液进入污水循环池返回解毒工序循环利用。

（11）解毒后铬渣的最终处置

项目在西宁市铬渣填埋场未建成前对解毒后铬渣用作黏土砖原料及水泥混合材等对其进行规模化综合利用。

3．工艺流程

铬渣处理主要包括铬渣挖掘、预处理、铬渣解毒、水处理等部分组成。铬渣解毒包括铬渣湿法球磨、旋流分离、铬资源回收、铬渣酸浸还原解毒、真空脱水及解毒后铬渣的最终处置等工序。

工程规模

100 t/d。

主要设备

铬渣解毒处理生产线的关键设备为球磨机、水力旋流器、解毒反应槽及圆盘真空脱水机。

经济效益分析

一、投资费用

西宁市 1 万 t 铬渣湿法解毒处置项目包括 100 t/d 铬渣解毒生产装置的建设工程和 1 万 t 铬渣解毒运行工程两部分，总投入为 974.52 万元。其中，建设投资 548.3 万元，运行费用 426.22 万元。

二、运行费用

西宁市历史遗留铬渣综合治理 1 万 t 试验性处置工程铬渣解毒运行费用 426.22 万元。

单位功能运行成本：481.15 元/t（不含处理后铬渣运输费用或综合利用费用）。

环境效益分析

通过本项目工程对西宁市历史遗留铬渣的治理，可年削减六价铬污染物 30 000 t，六价铬和总铬去除率达 99.8%以上；其次对高原城市西宁的生态环境，减少甚至杜绝铬渣堆放地（市中心）居民因铬渣污染上访事件，改善铬渣堆场周边居民生活质量等方面效益明显。

工程验收

一、组织验收单位

青海省环境保护厅。

二、验收时间

2009 年 11 月 24 日。

三、验收意见

通过验收。

联系方式

联系单位：中环瑞彩科技（北京）有限公司

联 系 人：黄政权

地　　址：西宁市城东区果洛路五号 16 栋一单元区 122 室

电　　话：0971-8807289

传　　真：0971-8807289

E-mail：yishan@sohu.com

2010-S-53

工程名称

废铅蓄电池、含铅废渣循环利用和废铅再生技术工程

工程所属单位

山东瑞宇蓄电池有限公司

技术依托单位

山东瑞宇蓄电池有限公司

推荐部门

中国电池工业协会

工程分析

一、工艺路线

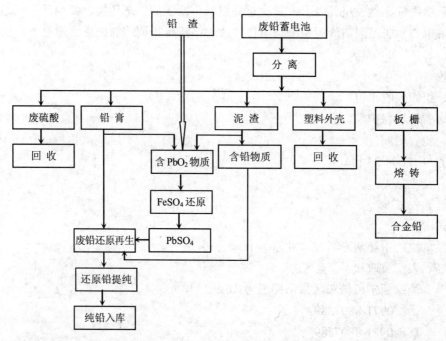

二、关键技术

该项目技术是在 450～480℃的铅液中逐步加入废蓄电池极板、废蓄电池脱落泥渣等含铅废渣和氢氧化钠（含 PbO_2 的极板、泥渣应进行 $FeSO_4$ 液还原剂浸泡预处理），将氧化铅、含铅废渣还原成纯铅，再生循环利用。该技术不需用高温冶炼，减少了原煤浪费，减少了 SO_2 对环境的污染和对人体的危害。

废蓄电池泥渣在酸性条件下，采用含亚铁离子的物质作还原剂，溶液中的亚铁离子还原废铅蓄电池泥渣中的二氧化铅，还原成低价的铅化合物，采用含硫酸根离子的物质作转化剂，并通过硫酸根离子将低价铅化合物转化形成硫酸铅固相，亚铁离子被氧化成铁离子。这样一步即可达到硫酸铅固相与液相还原剂的分离，简化了原湿法还原工艺，反应安全可靠。

反应方程式：PbO_2（固）$+2FeSO_4$（液）$+2H_2SO_4$（液）$=PbSO_4$（固）$+Fe_2(SO_4)_3$（液）$+2H_2O$。

工程规模

占地面积 20 000 m^2，投资回收年限 2 年。

主要技术指标

（1）铅纯度：Pb 不小于 99.99%。

（2）还原效率：废蓄电池、含铅废渣还原为纯铅，还原效率不小于 95%。

主要设备及运行管理

①熔铅锅：动力 60 kW；最大容铅 60 t；温度最高 650℃。

②混合搅拌机：三片叶浆能均匀将设计量的铅液搅拌均匀。

③铅泵：吸出再生铅。在 650℃下能正常工作，不变形、不烧损。

④脉冲粉尘除尘器、废水一步净化器：处理后生产过程粉尘、废水能按国家标准达标排放。

工程运行情况

一、运行概况

目前国内外再生铅厂广泛采用高温火法回收还原铅，但利用高温火法处理时熔炼温度较高，常产生大量铅蒸汽和 SO_2 严重污染环境，且能源消耗较大、铅回收率低。

项目技术工程采用湿法与低温火法，避免高温火法冶炼的铅蒸汽挥发，生产工艺简便，生产成本低，符合环保要求，其综合技术指标达到国内领先水平，工艺技术属国内首创。2008 年瑞宇公司推广此技术，使再生铅的回收工艺无污染，实现了项目产品的批量化生产，为再生铅的清洁、环保、可持续发展构建了新的技术平台。

二、主要运行参数

项目实施后，2009 年有效回收各类废旧蓄电池 3.78 万 kVA·h，含铅废渣等含铅物质1 000 多 t，生产 99.99% 以上高纯度精铅 5 040 t，实现销售收入 6 804 万元，税收 290.5 万元，利润 208.5 万元。

经济效益分析

一、投资费用

总投资：805 万元，其中，设备投资：616 万元。

二、运行费用

352 万元/年。

三、效益分析

产品市场销售价格为 14 865 元/t，每吨产品可实现利税 2 148.16 元。

获奖情况

2009 年 9 月项目获得山东省中小企业办公室颁发的"中小企业科学技术进步一等奖"；2007 年 10 月获得枣庄科技局颁发的"科学技术进步一等奖"。

联系方式

联系单位：山东瑞宇蓄电池有限公司

联 系 人：刘毅

地　　址：滕州市南环路 16 号

邮政编码：277500

电　　话：0632-5699999

传　　真：0632-5614999

E-mail：shandongruiyu@163.com

8 万 t/a 硫磺回收工程

工程所属单位

大连西太平洋石油化工有限公司

技术依托单位

山东三维石化工程股份有限公司

工程分析

一、工艺路线

8 万 t/a 硫磺回收装置制硫部分采用部分燃烧法,即一级高温转化,二级催化转化工艺。尾气处理部分采用山东三维石化工程股份有限公司自主开发的"无在线炉硫磺回收及尾气处理"工艺。

二、关键技术

"无在线炉硫磺回收及尾气处理"工艺技术。

工程规模

8 万 t/a。

主要技术指标

产品质量指标对比

序号	项目	计量单位	设计值	实际值	备注
1	固体硫磺	t/h	10 000	10 300	质量见下表

硫磺质量指标

项目	纯度	砷含量	灰分	酸度（H_2SO_4）	水分	有机物	铁
设计指标（质量分数）%	≥99.90		≤0.03	≤0.005	≤0.1	≤0.03	
优等品指标（质量分数）%	≥99.95	≤0.000 1	≤0.03	≤0.003	≤0.1	≤0.03	≤0.003
实测指标（质量分数）%	99.99	<0.000 1	0.007 6	0.000 9	0.005 8	0.002 4	0.000 067

主要设备及运行管理

系统共有设备 40 台。主要分为容器、冷换设备、工业炉及机泵、机械五类。其中容器 10 台；冷换设备 16 台；卧式燃烧炉 2 台；机泵 10 台；机械 2 台。

工程运行情况

装置于 2005 年 3 月开始建设，历时 9 个多月，2005 年 12 月实现中交，并于 2005 年 12 月 29 日正式投产，2008 年 3 月进行了装置标定，各项指标均达到了设计的要求。项目实施后减少了周边的环境污染，在减少大气污染物排放的同时还产出了高品质的硫磺。

获奖情况

2006—2007 年获得中国石油化工集团公司优秀工程设计二等奖。

联系方式

联系单位：山东瑞宇蓄电池有限公司

联 系 人：刘毅

地　　址：山东省滕州市南环路 16 号

邮政编码：277500

电　　话：0632-5614888

传　　真：0632-5614999

2010-S-55

工程名称

3 000 t/a 丙烯酸废油回收工程

工程所属单位

南京福昌化工残渣处理有限公司

技术依托单位

南京福昌化工残渣处理有限公司

推荐部门

南京环境保护产业协会

工程分析

一、工艺路线

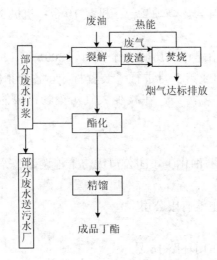

二、关键技术

1. 采用酯化、减压精馏等技术集成创新和优化组合，通过原料的优化配比（丙烯酸与丁脂）、控制工艺参数（负压 0.09MPa、温度控制在 160～170℃、抑制产生副反应生产丁醚）、优选催化剂和配比（磷酸和硫酸的配比）工艺方法，高效提取丙烯酸和酯类产品，回收率达到 50%以上，资源化利用程度高。

2. 提取化工产品后残留的废渣（约 30%）＋水（工艺废水、常温水），通过混合形成流动性较好的水渣浆，通过输送泵输送到焚烧炉，采用 0.8 MPa 压缩空气雾化喷入焚烧炉内进行燃烧，在不加任何辅助燃料的情况下，炉内温度达到 1 150～1 200℃以上，废渣烧尽率达 99.99%以上。

3. 生产过程中的废气通过抽吸管送到焚烧炉内燃烧，酯化过程产生的废水通过废渣加水吸收和烟气处理吸收；减压精馏产生的废渣、焚烧产生的炉灰和除尘细灰经固化后送到填埋场填埋，焚烧过程的烟气净化后达标排放。

工程规模

年处理丙烯酸废油 3 000 t。

主要技术指标

1. 丙烯酸酯废油回收率≥85%；

2. 丙烯酸酯转化率≥98%；

3. 裂解废渣焚烧率≥99%。

主要设备及运行管理

原料仓库、控制室、焚烧炉烟囱、变电所、消防水池、事故池等辅助设施。公司实行总经理负责制、配备专职环保人员 2 名。

工程运行情况

公司生产装置自 2005 年 5 月至今运行正常，共处理丙烯酸酯类残液 15 000 多 t，综合利用生成粗丙烯酸酯类中间产品 12 750 t，焚烧处置利用后残液 2 250 t，生产出成品丙烯酸正丁酯 10 000 t。公司对危险废物的运输、储存、处置、利用过程和转移联单填报情况均设立经营记录簿。

经济效益分析

一、投资费用

总投资：2 600 万元。

二、运行费用

年运行费用：955 万元。

三、效益分析

公司 3 000 t/a 丙烯酸与酯类废油处理装置，按正常运行状态，通过裂解、蒸馏可回收丙烯酸粗品 2 550 t，进行深加工可得含量为 99.5% 的丙烯酸正丁酯 2 000 t，按市场价每吨丙烯酸正丁酯每吨 18 000 元计，则年销售收入可达 3 600 万元。

环境效益分析

以加工处理 3 000 t/a 丙烯酸废油为例，回收 2 250 t/a 有用成分，废渣经焚烧再利用后，焚烧炉烟气经三级治理，达标排放。固废的排放量大大减少，保护了环境。

获奖情况

2007 年 10 月获南京市科学技术局颁发的"科技发展奖"。

联系方式

联系单位：南京福昌化工残渣处理有限公司

联 系 人：曹友苗

地　　址：南京化学工业园区 2E-4-4 号地块

邮政编码：210047

电　　话：025-58392291

传　　真：025-58391927

E-mail：fuchanghuagong@126.com

2010-S-56

工程名称

新建铁路合肥至武汉客运专线Ⅰ标段环保生态防护工程

工程所属单位

上海铁路局

技术依托单位

中铁四局集团有限公司

中铁四局集团第一工程有限公司

推荐部门

安徽省环境保护产业协会

工程分析

一、基本原理

路基绿化施工：整平路基坡面及坡脚下地面，带线开挖种植坑漕，洒布肥料，种植草皮及灌木，洒水浇灌。

二、树种选择

草本植物：马尼拉草皮等；

灌木：海棠球、夹竹桃、红叶李、紫穗槐、桂花等；

乔木：冬青、香樟等。

主要技术指标

200 km/h，预留 250 km/h 及以上条件。

工程运行情况

正常。

环境效益分析

通过对合武客运专线沿线自然更新的树种调查，并根据物种的乡土性、先锋性、位差性、多样性原则，采用乔灌草结合的方式，构建乔灌草立体防护生态体系，使用的植物种子多为乡土物种，通过种间竞争、自然演替成与周边环境融为一体的稳定植物群落，从而达到保护边坡、绿化边坡、美化边坡的目的。

目前，各种植物生产良好，灌木植物紫穗槐和草本植物已将整个坡面覆盖，在灌木和草本植物覆盖的坡面上已长出马尾松，坡面表现为乔、灌、草相结合的状态，以后随着乔木的生长，灌木和草本的优势种的位置被取代，路域生态系统逐渐稳定。

工程验收

一、组织验收单位

合武铁路安徽有限公司。

二、验收时间

2008 年 10 月。

三、验收意见

同意验收。

获奖情况

被安徽省环保产业协会评选为"2010 年安徽省重点环境保护实用技术示范工程"。

联系方式

联系单位：中铁四局集团有限公司

联 系 人：赵贤青

地　　址：安徽省合肥市望江东路 96 号

邮政编码：230023

电　话：0551-5244357
传　真：0551-5244830
E-mail：fecbzxq@163.com

2010-S-57
工程名称

都匀至新寨（黔桂界）高速公路边坡生态防护工程

工程所属单位

贵州科农生态环保科技有限责任公司

技术依托单位

贵州科农生态环保科技有限责任公司

推荐部门

贵州省环保产业协会

工程分析

一、工艺路线

清理坡面→构件布置→种植人工土壤→喷播育苗基质→养护。

二、关键技术

克服喀斯特地区岩石多孔、多层次节理、相对较松脆，相同坡度下的陡坡在进行为生态防护安装固土构件（挂铁丝网、打锚杆锚钉、固着挡土板）和喷附植物生长基质时易滑塌、脱落的问题；解决喀斯特地区的岩石呈碱性，不利喜酸性植物生长的难题；研究适合喀斯特地区边坡绿化的植物配置。构件与高速公路周边生态和谐的边坡人工植被群落；利用工程防护与生物防护相结合的方式，达到既稳定边坡又具有良好景观的效果。

工程规模

10 万 m^2。

主要设备及运行管理

一、主要设备

喷播机械、养护洒水车。

二、运行管理

按照规定进行养护管理。

工程运行情况

一、运行概况

采用喀斯特灌木护坡技术喷播的边坡已正常运行 2 年的时间，且未发生任何质量事故或其他事故。

二、主要运行参数

在坡度 55° 以上，绿化覆盖率达到 85%以上。

经济效益分析

一、投资情况

总投资：1 700 万元。其中，设备投资：60.6 万元。

二、运行费用

201.3 万元/年。

环境效益分析

据测算，年降雨量 1 200 mm 左右的地区，若进行高速公路建设，建设期间开挖产生的边坡导致的水土流失量将为 2～3 kg/m^2，若按 10 万 m^2 施工面积计算，该面积的水土流失将达 20 万～30 万 kg。边坡上采用喀斯特地区生态护坡技术能有效地防止水土流失，减少地质灾害及地质隐患的产生。

联系方式

联系单位：贵州科农生态环保科技有限责任公司

联 系 人：钟倩

地　　址：贵州省贵阳市白云区云峰大道 97 号金泰大厦 11 楼

邮政编码：550014

电　　话：0851-6576095

传　　真：0851-6576552

E-mail：kenong_gz@sina.com

2010-S-58

工程名称

东莞市环境质量自动监控与管理系统

工程所属单位

东莞市环境保护监测站

技术依托单位

东莞市环境保护监测站

推荐部门

广东省环境保护产业协会

工程分析

1．东莞市饮用水水源水质自动监测网络

（1）成功应用"自动缓冲进样-气液阻尼振荡-反吹清洗工艺"，使得系统长期稳定运行，低维护量。此工艺的成功应用，使得水站的预处理维护周期从 5 天左右跃升到 30 天以上；

（2）实现了水质自动监测远程控制及方法突破，在仪器技术集成、监测方式、远程测控及在线质量管理等方面实现了更有效的方法和技术；

（3）开创了对重金属（铅、镉、锌、镍）和综合毒性在饮用水水源地联合应用的先河，丰富了水源地在线监测的内容。

2．东莞市大气复合污染自动监测网络

（1）采用"固定—流动"自动监测技术为支撑的优化布点研究，开展网格式、高密度、长时间、多因子复合型大气污染优化布点监测；

（2）实现了环境空气自动监测远程测控技术及方法突破，在仪器技术集成、监测方式、远程测控及在线质量管理等方面研发出更有效的方法和技术，以适应空气监控网络建设的需要；

（3）对颗粒物的探索性研究处于国内领先水平，对大气颗粒物进行全粒径范围的同步监测，改变了原有一套系统只能监测单一粒径范围颗粒物的弊端，实现了大流量、高密度、低压力损失地采集大气颗粒物，解决了采样时间长、采样过程中化学成分的挥发等监测技术难题，提高了颗粒物浓度的时效性及颗粒物成分分析的准确性。

工程规模

东莞市环境质量监控体系主要包括东莞市饮用水水源水质自动监测网络、东莞市大气复合污染自动监测网络、东莞市环境噪声自动监测网络。

主要设备

1．东莞市饮用水水源水质自动监测网络的主要设备包括取水装置、预处理装置、在线监测分析仪表、数据采集与传输装置、数据处理及数据管理中心、GIS 三维信息发布与展示、远程控制系统。

2．东莞市大气复合污染自动监测网络由 7 个固定子站和 1 部空气流动监测车组成的东莞市"7＋1"大气复合污染自动监测网络。此网络的主要设备包括前段（子站系统）、中控（网络管理平台）、外围（质控实验室、站房管理）、末端（数据表现）四个层次。

3．东莞市环境噪声自动监测网络包括若干个前端自动监测子站、通信网络、监控中心组成。其中前端自动监测子站包括噪声监测子站、气象监测子站及车流量监测子站三种形态。

工程运行管理情况

东莞市环境质量自动监控系统投入运行以来，通过实施专业化运营、定期比对质控等措施，使该监测系统稳定、有效地运行，监测数据获取率高，数据准确性、可靠性得到保证。

联系方式

联系单位：东莞市环境保护监测站

联 系 人：周文

地　　址：东莞市体育路 15 号

邮政编码：523009

电　　话：0769-23391805

传　　真：0769-23391881

E-mail：19926926@qq.com

2010-S-59

工程名称

洛阳陆浑水库上游水质在线自动监测站

工程所属单位

洛阳市环境监测站

技术依托单位

宇星科技发展（深圳）有限公司

推荐部门

广东省环境保护产业协会

工程分析

一、工艺路线

项目基于 YX-WQMS 水质自动监测系统进行设计和安装，主要由分析、辅助分析、测控、运行环境支持四部分组成。其中，分析部分包括采水、配水、传输、预处理和分析仪表，辅助分析部分包括反吹清洗单元、除藻清洗单元、自来水制备和纯水制备单元，测控部分包括控制器、主控计算机、通信设备和应用软件，运行环境支持部分包括电源、空调、防雷、安防等设备。

二、关键技术

1. 独特的采样方式：采用防淤泥积浅层河流取样器，具有清洗免洗维护、防淤积、防堵塞、防盗功能，可在河流中心实现取样而不改变水样性质。

2. 精密的在线分析仪：选用了铜、铅、锌、镉重金属分析仪、氟化物分析仪、氰化物分析仪和总砷分析仪，仪器测量精密度高，测量时间短，可迅速获知水质中各类微量物质含量，监测数据准确性高，系统维护工作量小。

3. 系统自动化程度高：可实现可靠有效的自动采样、自动预处理反吹、自动分析和自动清洗以及数据记录和输出等。

工程规模

总占地面积 50 m^2。实时监测陆浑水库上游水体。

主要设备及运行管理

一、主要设备

铜、铅、锌、镉在线分析仪、氰化物在线分析仪、氟化物在线分析仪、砷在线分析仪、集成辅助系统。

二、运行管理

严格按照公司的设备运营管理制度，由专门的技术人员直接负责工程安装及售后服务，专业专一，服务到位，每天通过网络对设备进行 3 次远行巡检。

工程运行情况

工程竣工运行至今严格按设备运营管理制度对其进行维护管理，各项设施运行正常，2009 年 6 月已经过洛阳市环境监测站的验收。

经济效益分析

一、投资费用

工程总投资约 200 万元，其中，设备投资 160 万元。

二、运行费用

工程运行费用为每年约 10 万元。

联系方式

联系单位：宇星科技发展（深圳）有限公司

联 系 人：杨恋

地 　　址：深圳市南山区科技园北区清华信息港 B 座 3 楼

邮政编码：518057

电 　　话：0755-26030802

传 　　真：0755-26030929